U0388267

100道意式甜点

意大利百味来厨艺学院　编著
秦笑妍　高　婷　译

黑龙江科学技术出版社

图书在版编目(CIP)数据

100道意式甜点 / 意大利百味来厨艺学院编著;秦笑妍,高婷译. —哈尔滨:黑龙江科学技术出版社,2020.9

ISBN 978-7-5719-0480-7

Ⅰ.①1… Ⅱ.①意… ②秦… ③高… Ⅲ.①甜食—意大利 Ⅳ.①TS972.134

中国版本图书馆CIP数据核字(2018)第069975号

Piazzale Luigi Cadorna, 6
20123 Milan, Italy
www.whitestar.it
本书中文简体版专有出版权经由中华版权代理总公司授予

Desserts 100 Easy Italian Recipes
100道意式甜点
意大利百味来厨艺学院 编著
秦笑妍 高 婷 译

责任编辑 马远洋
封面设计 翟 晓
出 版 黑龙江科学技术出版社
地址:哈尔滨市南岗区公安街70-2号 邮编:150007
电话:(0451)53642106 传真:(0451)53642143
网址:www.lkcbs.cn
发 行 全国新华书店
印 刷 北京汇瑞嘉合文化发展有限公司
开 本 889 mm×1194 mm 1/20
印 张 7.6
字 数 120千字
版 次 2020年9月第1版
印 次 2020年9月第1次印刷
书 号 ISBN 978-7-5719-0480-7
定 价 58.00元

本社常年法律顾问:
黑龙江承成律师事务所 张春雨 曹珩

百味来厨艺学院

意大利的帕尔马市，是全球最负盛名的美食之都之一。而在帕尔玛市中心，百味来中心大楼则屹立于其厨艺学院总部的历史建筑之间，承担着学院的现代化构架。百味来厨艺学院建立于2004年，具有强大的专业实力且富有独特竞争力。学院的建立旨在肯定意大利烹饪艺术的角色，保护地区美食文化遗产防止其被模仿和假冒，让意式烹饪的良好传统得以传承与发扬。

学院为那些对美食文化充满热情的人开设烹饪课程，为地区运营者提供服务，并推出品质上佳的产品。因其在世界范围内对美食文化和意式创造力的推广，百味来学院曾被授予“商业文化奖”。

学院总部的设计是为了满足烹饪课堂的教学需求，并配置了多媒体工具用于承办大型活动。在一间盛大的美食大会堂周围，环绕着一间内部餐厅，一间多感官实验室，和许多配备了现代最新教学设备的教室。在美食图书馆里，馆藏超11,000卷藏书，有关于特定食物主题的，有一批非同寻常的历史菜单，还有关于烹饪艺术的印刷材料。你现在还可以在网上找到百味来图书馆丰富的文化遗产，阅览数百册的电子化历史文本。

该组织超前的思维，加上一支国际知名的教授团队，保证了百味来的教学课程内容多样，能够同时满足专业厨师和入门美食爱好者的不同需求。百味来厨艺学院还会组织文化活动，发起倡议，重点向大众推广可用的烹饪科学，参与者一般有专家，厨师，和美食评论家。另外，学院积极参与推广“电影奖”，尤其是与意式美食传统相关的电影短片宣传。

目　录

介绍 6
令人愉悦的食物 7

蛋糕 8
聚会的象征 9
三色炸弹蛋糕 10
卡萨塔蛋糕 12
巧克力香蕉馅饼 14
熟奶油馅饼 16
巧克力乳清干酪馅饼 17
南瓜松仁馅饼 18
苹果馅饼 20
草莓蛋白酥皮蛋糕 21
蒙布朗栗子蛋糕 22
阿布鲁佐圣诞蛋糕 24
那不勒斯甜馅饼蛋糕 26
苹果千层酥 28
鲜果层糕 30
黑樱桃馅饼 31
桃子巴旦木蛋糕 32
杏子巴旦木蛋糕 34
巧克力南瓜蛋糕 36
南瓜芝士蛋糕 38
核桃仁蛋糕 40
榛子蛋糕 41
红薯饼 42
梨与巧克力蛋糕 43
费奥迪拉开心果冰淇淋蛋糕 44
含羞草蛋糕 46
苏黎世蛋糕 48
外交蛋糕 50
意式圆顶蛋糕 52

茶匙甜点 54
奶油般的愉悦 55
香蕉船 56
红薯布丁 57
果味牛奶冻 58
巧克力杏仁饼干布丁 59
配有香草蛋奶和甜面包的巴旦木果篮 60
蜂蜜茴香馅饼 62
南瓜焦糖布丁 63
奶油冻 64
蜜桃冰淇淋 65
贝拉梨冻 66
巧克力布丁 68
巧克力雪藏蛋糕 70
热马沙拉萨芭雍配手指饼干 71

小快乐 72
快乐接踵而来 73
杏仁软饼干 74
尚蒂伊奶油泡芙 75
巧克力榛子饼干 76
巴旦木曲奇 77
美味丑曲奇 78
西西里巧克力奶油煎饼卷 79
蛋黄甜酒松饼煎饼卷 80
番茄焦糖 82
黄油乳脂迷你卡萨塔 83
薄荷方旦糖 84
葡萄干油炸饼 85
巧克力蘑菇 86

大米爆米花巧克力棒棒糖 87
奶油蛋白酥 88
基瓦索榛子饼干 89
榛子爆米花小食 90
花色小甜点 92
牛轧糖 93

纸杯蛋糕 94
迷你蛋糕 95
森林之果纸杯蛋糕 96
罂粟籽纸杯蛋糕 98
马斯卡彭奶酪咖啡纸杯蛋糕 99
焦糖纸杯蛋糕 100
巧克力纸杯蛋糕 102
意大利乳清干酪巧克力纸杯蛋糕 103
椰子纸杯蛋糕 104
朗姆纸杯蛋糕 106
卡普雷斯纸杯蛋糕 107
巴旦木纸杯蛋糕 108
乳脂松糕纸杯蛋糕 109
苹果葡萄干肉桂纸杯蛋糕 110
榛子纸杯蛋糕 111
蜜桃杏仁酒纸杯蛋糕 112
麝香葡萄蛋黄酒纸杯蛋糕 113

冰淇淋 114
童年的味道 115
卡萨塔冰淇淋 116
榛果巧克力冰淇淋 117
巧克力覆盆子冰淇淋 118
芒果冰淇淋 119
开心果冰淇淋 120
费拉迪奥巧克力碎冰淇淋 121
酸樱桃旋风冰淇淋 122
意大利薄荷冰 124
红西柚果汁冰糕 125
冷冻松露巧克力 126

腌制食品，蜜饯和果酱 128
味道藏宝箱 129
糖渍杏子 130
糖渍酸樱桃 131
糖渍菠萝 132
香草甜杏果酱 133
糖渍栗子 134
酸樱桃果酱 136
无花果生姜果酱 137
草莓青柠果酱 138
浆果酱 140
苹果肉桂酱 142
蓝莓果酱 144
柑橘果冻 145
黑莓果冻 146
黑加仑果冻 147
玫瑰果冻 148
橙子果酱 150
糖渍橙子皮 152

介 绍

甜点不像其他的食物，严格来讲，我们甚至不能称之为一种食物。点心里虽然也含有各类营养物质，但是它不能用来维持我们的生命。然而，甜点有其独特的功能：它可以唤醒我们生活中甜美的一面；它能让我们从生活琐碎中脱离出来，感受极致的喜悦；它可以让我们致繁重的生活以一个轻轻的微笑。

甜点对孩子们的致命吸引力可不是偶然的。香草与巧克力散发的曼妙芳香，黄油甜酥饼干和冰淇淋带来的味觉享受，都带给他们极大的诱惑。这些甜点让你从“食物只是生存所需”的逻辑中解脱出来，转而寻求并且享受美食所带来的无限的、纯净的愉悦。著名的《格林童话》里有这么一则故事流传尤为广泛。在《糖果屋历险记》里，小韩塞尔和葛雷特两兄妹误入了巫婆的魔法糖果屋。当他们看到用透明糖果做成的窗户、杏仁蛋白糖制成的屋子，吃着糖果、喝着牛奶的时候，还以为自己是到了天堂呢！

如果没有了像天堂通行证一般的美味蛋糕，没有一口尚蒂伊奶油[1]泡芙，我们的日子会变成什么样子啊！如果没有了糖果带来的奇妙美味，美食世界又会变成什么样呢？它一定会失去很多诗意的表达和神圣的魅力吧。

即使是对意大利传统烹饪文化而言，如果没有了甜点，意式美食的美妙和它将我们带出世俗生活、追求更高层次的感官享受的能力也将不复存在。

贝尔佩斯[2]的每一个角落都对其数不尽的特色甜品引以为傲：既有在家能够制作的传统简易甜点，也有最为精致复杂的点心，在家制作的话颇需一些时间与经验。传统意式点心的世界就像是庞大的银河系，群星荟萃，拥有数不清的、缤纷的甜点行星。

最重要的是，从萨芭雍[3]、千层松饼的意式混搭，到裹有奶油的蛋白酥，这些新鲜糕点带来的无限味蕾诱惑，有谁能够抵挡得住呢？

由缤纷蛋糕打造的迷人的万花筒世界，带我们回到童年庆祝生日的场景：从香脆的苹果派到经典的巧克力纸杯蛋糕，让人满心甜蜜。

---

[1] 尚蒂伊奶油也被称作香草味鲜奶油。在意大利，尚蒂伊奶油常由鲜奶油打发和蛋奶冻混合制成。

[2] 贝尔佩斯，Bel Paese是意大利著名的奶酪品牌。该名字源于牧师安东尼奥于1873年发表的书名，*Il Bel Paese*，意为“美丽的国家”，是意大利古典诗意的美称。

[3] 萨芭雍是意大利的一种经典甜品，由鸡蛋混合奶油、甜酒，浇在各式水果上制成，酒香、蛋香浓郁。

令人愉悦的食物

诱人的品类繁多的饼干家族，拥有杏仁软饼干、美味丑饼干、酥脆的花色小甜点，就像一个真正的宝箱，里面的宝物数不胜数。

提到甜点，不得不说一说美味的油炸与发酵甜食构成的美妙世界。举个例子，烤好的葡萄干馅饼柔软迷人，散发出的诱人香气刺激着人们的味蕾，让人食欲大开；还有糖果和巧克力，总是引诱人们犯错；再比如松露形巧克力和黏糖，可谓是真正的“便携式美好”。

最后，无尽的诱惑来自于意式手工冰淇淋和奶油点心：经典巧克力、巴旦木酒心曲奇布丁、奶油蛋挞和精致的巧克力蛋糕冰淇淋都令人垂涎三尺。

大多数意大利甜点，无论是家常式的还是皇家甜点，都有着非常古老的起源。古罗马人十分喜欢吃甜食，也许是因为他们的菜肴辛辣且味道鲜明（需要配以甜食调味）。古罗马人曾经使用过的许多甜点食谱都流传至今：像是利布姆蜂蜜甜面包；伦寸鲁斯（luncunculus），奶油泡芙的始祖之一；格勒布斯(globus)，类似我们现在看到的油炸甜甜圈；还有许许多多不同种类的芝士蜂蜜食谱，有的富含核桃和大枣，有的加上了葡萄干和松仁，跟撒丁岛特有的赛巴达斯（sebadas，当地一种特色油炸馅饼）类似。

意大利糖果发展史的诸多辉煌成果，在一开始的时候都源于宗教方面的需求。这些糖果往往是为了特殊的宗教庆典发明的，因此它们本身具有祈福或者庆祝的重要意义。

在意大利文化中，家庭式自制甜点一直都是很重要的一部分。像意大利这样的国家，虽然已经很现代化，但在骨子里还留有深深的农业时代的印记。甜点一开始并不是为了给每日的生活带来愉悦，而是与宗教仪式紧紧相连。甜点是宗教庆典的一部分，所以意大利人往往是在家里准备这些点心，一般不会将这个任务交给糕点店去完成。

采用精心挑选的食材，加上一点点厨师充满爱意的想象力，家庭自制甜点往往不仅能让人感受到制作者的心意，还可以给人以无价的慰藉。这些家庭式甜点可以舒缓焦虑、不满或是对感情的强烈渴望，还可以教会我们如何生活，塑造更有人情味、友好的一面，打造并维持柔软而温暖的人际关系。

蛋糕

聚会的象征

丝毫不用质疑，蛋糕是各类聚会的象征。通常来讲，蛋糕都是圆形的，一般是为了庆祝特别场合而出现在正餐后的餐桌上。而用不同的食谱制作出的蛋糕各不相同：可能是热蛋糕或是冷蛋糕，熟蛋糕或是生蛋糕；形状则可以是环形、条形、穹顶形，或者方形。

传统意大利蛋糕种类繁多、样式多变，令人眼花缭乱。可以说，意大利每一个地区制作的蛋糕都有各自的特色。一些蛋糕制作起来十分容易，像苹果挞，制作流程简单，充满浓郁的香气，极其受人追捧。而有一些蛋糕制作难度中等，像是杏子巴旦木蛋糕，这是一种覆盖着杏仁膏、内部还藏有浸透了黑樱桃利口酒和杏子酱的海绵蛋糕做核心的蛋糕。还有一些蛋糕品类，制作过程更加繁复，像是美味的桃杏仁蛋糕。桃杏仁蛋糕由酥类糕点做基底，并填充有奶油、桃子和杏仁内馅。一些蛋糕的发明起源于日常生活，但久而久之，发展成了宗教仪式上备受欢迎的贡品。还有一些蛋糕一开始为宗教庆典而生，后来却发展成了更具装饰意味的平民餐桌上的点心。

神话传说中，作为那不勒斯复活节传统糕点的那不勒斯甜馅饼蛋糕（Pastiera），是由天神之手创造的。为了感谢美人鱼帕尔忒诺珀的美妙声音，慷慨的那不勒斯湾居民决定带给她一份包括面粉（乡村的财富及象征）、乳清干酪（由牧羊人和绵羊提供）、鸡蛋（暗喻新生）、用牛奶煮熟的谷物（象征蔬菜及动物王国的联合）、橙花水（土地给予的礼物）、蜜柑和香料（象征更遥远土地上居民的心意）和糖（一种像海妖塞壬[1]的歌喉一般甜得令人陶醉的物品）组合成的礼物。大海中的生物收到这些珍贵的礼物，就潜入水中去求见海洋之神，并把这些礼物放在他们的脚边。海洋之神将全部礼物混合在一起，用美人鱼帕尔忒诺珀美妙的声音作为黏合剂，创造出了历史上第一个那不勒斯甜馅饼蛋糕。而今天，因为有遍布各个角落的糕点店，你在附近街区就能买到这份精致的甜点。而且任何一个人，即使没有特殊的超自然天赋，也能在家轻松制作出这种糕点——只是需要一点点的注意力和经验。

[1] Siren’s song，塞壬之歌。在古老的希腊神话传说中，塞壬是一个人面鱼身的海妖，常年徘徊在大海之上。她拥有天籁般的歌喉，常用歌声迷惑过路的航海者，使其沉醉失神，航船因此触礁沉没，船员则成为塞壬的腹中餐。

三色炸弹蛋糕

难度系数：3

准备时间：1小时
烹饪时间：15分钟
冷冻时间：3小时

制作6~8人份所需材料

冰淇淋材料：
蛋奶冰淇淋300克
黑巧克力冰淇淋300克
榛子冰淇淋300克

巧克力曲奇材料：
蛋清1个
糖30克
蛋黄1个
可可粉10克

1.制作曲奇饼时，先把蛋清打散，混入糖搅拌均匀，再与蛋黄混合后，加入可可粉。

2.把鸡蛋混合物装入裱花袋中。在内衬有羊皮纸的烤盘中，用裱花袋出曲奇饼形状。

3.把曲奇饼放入烤箱，在160摄氏度下烘烤大约15分钟。

4.准备三个半球形金属模具，最大的一个直径在18厘米左右。将蛋奶淇淋倒入最小的模具中，填满模具，用一个小抹刀抹平表面，将其在冷冻放置至少一小时，然后将套模置于冷水下，使蛋奶冰淇淋脱离出来。将蛋冰淇淋圆筒再放入冷冻柜之中。

5.在中号模具（放置于冷冻柜中）内部涂抹一层巧克力冰淇淋，将制好的蛋奶冰淇淋圆筒放入其中。用小抹刀将模具表面抹匀后，将中号模具置在冷冻柜中，冷藏至少一小时。

6.用冷水法将新的冰淇淋圆筒从模具中剥离出来，再放入冷冻柜中。最大号模具内部涂抹一层榛子冰淇淋，并将刚刚做好的蛋奶加巧克力冰淇圆筒放入其中。

7.在三层冰淇淋圆筒上面铺上巧克力曲奇，再放入冷冻柜中冷藏至少小时。

8.将做好的三色冰淇淋圆筒从模具中取出，按照自己的喜好进行装饰，便制成了三色炸弹蛋糕。

卡萨塔蛋糕

难度系数：3

准备时间：1小时
冷冻时间：3小时

制作4人份所需材料

蛋糕材料：
羊奶乳清250克
糖90克
黑巧克力碎30克
糖渍橘皮30克，切成小块
海绵蛋糕200克

蘸酱糖浆材料：
糖125克
樱桃利口酒40毫升
水65毫升

装饰用材料：
糖粉100克
水15毫升
柠檬汁2~3滴
杏仁膏100克
食用色素及果脯适量

1.准备蛋糕内馅时，先把过滤后的羊奶乳清盛放在一个碗里，加入糖并搅拌至顺滑。再向碗中加入切块的糖渍橘皮和黑巧克力。

2.将海绵蛋糕切片，用切片为蛋糕烤盘做衬里（如果你事先在烤盘上铺一层保鲜膜，最后将卡萨塔蛋糕移开的时候会更加容易）。

3.水中加糖，一并煮开。一旦成品糖浆冷却，就向其中加入黑樱桃利口酒。将用来做烤盘衬底的海绵蛋糕切片，浸泡于樱桃利口酒糖浆之中。

4.把蛋糕盘装满乳清奶酪，再覆上另外一层浸有黑樱桃利口酒糖浆的海绵蛋糕。

5.把蛋糕放入冰箱，冷藏至少3小时。

6.将卡萨塔从烤盘上移开，在上面撒上一层糖霜。在这之前，你需要把糖粉、水和柠檬汁混合制成糖霜。

7.在轻轻撒上糖粉的蛋糕表面，用杏仁膏覆满蛋糕环边。杏仁膏可用几滴食用色素上色，再拿一个擀面杖将杏仁膏滚至1~2毫米厚。

8.你可以按照自己的喜好用果脯来装饰卡萨塔蛋糕。

巧克力香蕉馅饼

难度系数：3

准备时间：1小时
烹饪时间：15~20分钟
冷冻时间：2小时

制作4人份所需材料

油酥面团250克

内馅材料：
香蕉500克
红糖100克
朗姆酒50毫升

甘纳许[1]材料：
奶油270毫升
葡萄糖浆35毫升
黑巧克力300克
牛奶巧克力180克
黄油（常温）70克
朗姆酒35毫升

装饰用材料：可可粉适量

1.准备甘纳许时，先将牛奶巧克力及黑巧克力切成小块，把切好的巧克力块放在一个小碗里。然后用一口小锅将奶油和糖浆煮至沸腾，将融化的浆汁浇在巧克力块上。接着用一把软铲将其小心地混合均匀，搅拌至质地光滑（不要使用搅拌器，避免搅入太多空气，形成气泡）。再加入软化的黄油，最后加入朗姆酒。

2.准备一个烤盘和模具。模具的直径比烤盘稍微小一些，大概2厘米高。将混合的材料倒入模具，再将其放入冷冻柜，冷藏大约2小时。将剩余的甘纳许先放在一边。用油酥面团做成20厘米直径的蛋糕烤盘衬底。把油酥面团滚开，均匀铺至厚度大约为3毫米。将烤箱温度设定为180摄氏度，烤15~20分钟。

3.制作内馅时，将糖放入平底锅内，用中火煨化成糖汁，再加入切片香蕉。当它们开始变成焦糖的时候，浇上朗姆酒点燃，再将内馅浇到已经烤好的蛋糕皮上。

4.从模具中取出冷冻的甘纳许盘，放在前一步骤中做好的馅饼上，让甘纳许慢慢融化。

5.同时，用搅拌器搅拌余留的甘纳许，装进一个脊状尖端形的裱花袋，在做好的甘纳许盘上挤出环边。上桌前撒上可可粉，你还可以进行任意装饰。

[1] 甘纳许是一种重奶油和融化后的巧克力制成的混合物，常用作蛋糕和松露巧克力的淋浆或作为甜品的蘸料。

制作4~6人份所需材料

巧克力油酥面团350克

内馅材料：
糕点奶油300克

装饰材料：
杏子果冻30克
糖粉适量

难度系数：1

准备时间：30分钟
烹饪时间：20~25分钟

熟奶油馅饼

1.用油酥面团在直径为20厘米的蛋糕盘上做衬底，均匀铺开至3毫米
度。在铺开的油酥面团上抹上糕点奶油。将剩余的油酥面团切成条状，呈
字交叉状铺在馅饼的表面。

2.将烤箱温度设置为180摄氏度，放入馅饼，烘烤20~25分钟。

3.从烤箱中取出馅饼并放至完全冷却，再将它从烤盘上移出。

4.剪一些纸条盖住馅饼的部分条路，在甜点上撒上糖粉，再小心地移
纸条。先把杏子果冻在小平底锅中加热，在没有撒糖粉的糕点区域浇入加
后的杏子果冻。

巧克力乳清干酪馅饼

1.在一块糕点板上，将油酥面团铺开至大约3毫米厚度。取一个直径为0厘米的蛋糕盘，先抹上黄油、撒好面粉，再放上滚开的油酥面团。

2.将过滤后的乳清干酪与糖、盐、香草粉混合。将面粉过筛一下，再加入融化的黄油之中（黄油应该是温的，而不是烫的）。混合均匀后，把这些混合物铺在面团上。把烤箱温度设置为170摄氏度，将烤盘放入其中烘烤5~30分钟。从烤箱中拿出糕点，待其冷却后再从烤盘上移开。

3.参见14页食谱准备甘纳许，待其冷却后再浇在馅饼上，包括馅饼的边缘。然后把巧克力馅饼放在冰箱中冷冻至少1小时。取出后进行任意装饰就可以上桌了。

制作4人份所需材料

油酥面团250克
平底锅用黄油和面粉适量

内馅材料：
乳清干酪150克
融化的黄油30克
糖35克
面粉10克
盐少许
香草粉少许

装饰用材料：
巧克力甘纳许210克（可参见食谱14页）

难度系数：1

准备时间：45分钟
烹饪时间：25~30分钟
冷冻时间：1小时

难度系数：2

准备时间：45分钟
烹饪时间：30分钟

制作4人份所需材料

南瓜500克
油酥面团250克
奶油200毫升
玉米淀粉15克
蛋黄2个
糖80克
松仁50克
蛋糕装饰凝胶50克
磨碎的柠檬皮1/2个
香草豆荚1/2个[1]

南瓜松仁馅饼

1.将南瓜洗净，切成片，放在烤箱中烤至松软。烤箱温度设定为180
氏度，烘烤时间大约为1小时。如果南瓜烘烤后颜色变得过于暗沉，就用
张铝箔包裹住烤好的南瓜。

2.待烤熟的南瓜冷却后，将南瓜子和南瓜丝清除干净，再将松软的南
搅拌成泥。

3.用一个搅拌器将蛋黄打散，和糖混合，再加入玉米淀粉，混合均匀。

4.把香草豆荚用小刀切成片，放入炒锅中和奶油一并煮熟，倒在已经
散的蛋黄中。用搅拌器搅拌均匀后，烹饪方法如做蛋挞一样。

5.当混合物冷却下来的时候，把香草豆荚拿走，将剩下的材料跟南瓜
油混合，再加上柠檬皮调味。

6.把油酥面团滚开，在一个直径为20厘米的蛋糕烤盘上做衬底，面团
度滚到3毫米为止。

7.加入刚刚做好的混合物内馅，表面抹平。在蛋糕表面撒上松仁，用
面团剩料中攒成的糕点条儿做装饰（如果你想要烤出更金黄的颜色，可以
糕点条上涂上一层搅散的鸡蛋）。

8.将烤箱温度设置为180摄氏度，放入糕点，烘烤大约半小时。取出
点待其完全冷却后，再从蛋糕盘中移出。

9.你可以在糕点上涂上蛋糕装饰凝胶。

[1] 香草的豆荚，又名香子兰、香草兰。

制作4~6人份所需材料

油酥面团250克

内馅材料：
糕点奶油或者果酱（任意口味）100克
苹果500克
杏子果冻60克

难度系数：2

准备时间：30分钟
烹饪时间：20~25分钟

苹果馅饼

1.在一个直径为20厘米的蛋糕烤盘上，将油酥面团铺开做底，面团滚至厚度约为3毫米。然后在蛋糕盘上涂上一层糕点奶油或者果酱。

2.将苹果削皮、去核、切成两半，再分别切成约3毫米厚的薄片。小心地将苹果片依次铺在糕点奶油或者果酱层上面，每一片之间可以稍有重叠，最后铺成一个环形。

3.把苹果馅饼放进烤箱，在180摄氏度下烘烤20~25分钟。

4.从烤箱中拿出后，让苹果馅饼完全冷却后再从烤盘上移开。最后，将杏子果冻加热，再将之均匀地抹在馅饼上。

制作4~6人份所需材料

蛋糕酥饼材料：
蛋清3个
糖180克
玉米淀粉18克（非必需）
草莓冰淇淋350克

装饰用材料：
加糖的打发奶油300克[1]
草莓150克
切碎的开心果仁适量

难度系数：3

准备时间：30分钟
烹饪时间：3小时

草莓蛋白酥皮蛋糕

1.制作蛋糕酥饼时，将蛋清打散，搅拌中途加入一些糖继续搅拌，最后再加入剩余的糖（这部分糖可以跟玉米淀粉混合）。用混合物做成两个直径为18~20厘米的蛋白脆饼，再用剩余的混合物做一些小一点的蛋白酥，放在衬有羊皮纸的烤盘上。放入烤箱中，将烤箱温度设定为100摄氏度，打开通风口（或者烤箱门微开），把蛋白酥烘烤大约3小时。烤好后干燥地保存，需要时再取用。

2.用一个冰淇淋勺挖出草莓冰淇淋球，依次放在第一个蛋白脆饼的上方排成环形。再把这个蛋白酥轻轻压在第二个蛋白脆饼的上方。上桌前放入冷冻柜中冷藏。等到要吃的时候，用一个星形的裱花袋挤出打发的奶油，用以装扮蛋白酥皮蛋糕。

3.用一些新鲜草莓、蛋白酥碎屑和磨碎的开心果仁进行装点。

难度系数：2

准备时间：1.5小时
烹饪时间：3小时

制作4人份所需材料

蘸酱用糖浆材料：
糖80克
朗姆酒40毫升
水30毫升

蛋白脆饼材料：
蛋清2个
糖100克
玉米淀粉10克（非必需）
巧克力海绵蛋糕（直径20厘米）1个
糕点奶油250克
加糖的打发奶油250克
新鲜板栗800克
牛奶1升
糖180克
可可粉30克
朗姆酒15毫升
糖渍紫罗兰适量
糖炒栗子适量
香草豆荚1个
盐少许

蒙布朗栗子蛋糕

1.先准备糖浆。水中加入糖，煮开后放至冷却，再加入朗姆酒。

2.制作蛋白脆饼时，先把蛋清打散，中途加入一点糖继续搅拌，最后加入剩下的糖（可以选择将剩下的糖与玉米淀粉混合），用一个小抹刀慢慢向上将材料混合均匀，再装入一个带有18~20毫米尖头的裱花袋。

3.在内衬有羊皮纸的烤盘上，用裱花袋挤出一个直径大约为20厘米的蛋白脆饼，放入烤箱，在100摄氏度下烘烤大约3小时，其间烤箱门要微微开启，以便散热避免蛋白霜变塌。

4.烤好后将蛋白饼放在干燥处，需要时再取用。

5.将鲜板栗剥皮，和牛奶、糖、用小刀切成片的香草豆荚和盐一起混合煮熟，直到板栗变得十分柔软，再从中挤出多余的牛奶。

6.用一个带有大孔的筛子或者马铃薯搅拌机，将煮软的栗子搅成栗子泥（如果使用的是干栗子，需提前一个晚上用冷水浸泡，在开水里焯15分钟，再按上述鲜板栗的方式进行处理）。

7.向板栗泥里加入可可粉和朗姆酒，混合均匀，放入冰箱让其完全冷却。

8.在蛋白脆饼上抹上一层糕点奶油，随意放上几个糖炒栗子，与海绵蛋糕叠在一起，浸入朗姆酒糖浆，再覆盖一些栗子泥混合物后，把点心做成一个圆锥体。

9.整块点心上盖一层打发的奶油，并用糖渍紫罗兰和糖炒栗子进行装点。

难度系数：2

准备时间：40分钟
烹饪时间：45~50分钟

制作4人份所需材料

蛋糕材料：
鸡蛋4个
面粉70克
马铃薯淀粉35克
去皮巴旦木125克
苦杏仁2~3个
糖160克
发酵粉12克
磨碎的柠檬皮1个
模具用黄油10克
模具用面粉适量

装饰用材料：
奶油50毫升
黑巧克力100克
切片杏仁适量

阿布鲁佐圣诞蛋糕

1.把去皮巴旦木、苦杏仁和一些面粉一起磨碎（面粉量要足够防止让杏仁油从杏仁中流出来）。

2.将余下的面粉与马铃薯淀粉、发酵粉一起过筛，再加入之前的杏仁混合物中。

3.取一个小碗，打入蛋黄、一半糖及磨碎的柠檬皮。

4.将剩下的糖和蛋清单独搅拌。

5.将打散的蛋黄和1/4个搅好的蛋清混合，再加入杏仁和面粉的混合物，最后再轻轻地加入余下的蛋清。

6.把这团混合的面糊倒入一个抹有黄油、撒有面粉的半球形模具中，放进烤箱，在170~180摄氏度下烘烤45~50分钟。

7.烤好后将蛋糕从模具中拿出来，放在一个蛋糕盘上，让其冷却。

8.拿一个小型平底锅，把奶油煮沸；从火上移开小锅，加入切碎的巧克力。搅拌巧克力奶油，直至巧克力完全溶解，再把酱汁浇到圣诞蛋糕上。

9.撒上一些切片杏仁就可以上桌了。

难度系数：3

准备时间：50分钟
烹饪时间：40分钟
静置时间：1小时

制作4人份所需材料

面团材料：
"00"[1]型号面粉200克
黄油100克
糖100克
发酵粉2克
鸡蛋1个
磨碎的柠檬皮1个
盐少许

糕点奶油材料：
蛋黄1个
糖55克
面粉18克
牛奶200毫升

内馅材料：
乳清干酪250克
糖粉75克
糕点奶油225克
蛋黄1个
熟麦粒150克
糖渍香橼50克
橙花水适量

那不勒斯甜馅饼蛋糕

1.在室温下取一个小碗，将软化的黄油与糖混合，加入鸡蛋、磨碎的柠檬皮和少许盐。再加入过筛的面粉、发酵粉，持续揉捏面团。

2.把面团放入冰箱发酵至少1小时，拿出后放在一个撒好面粉的平台上，用擀面杖擀成3~4毫米厚的面饼。

3.把面饼放在烤盘上做衬底（如果你想在填入内馅后再装饰一下蛋糕表面的话，可以先预留一部分面团）。

4.制作糕点奶油。在小碗里打入蛋黄，和糖搅拌；加入面粉混匀。将牛奶煮开，加在混合蛋液中。再将混合的牛奶蛋液煮沸，迅速冷却。

5.将乳清干酪过筛后放入碗中，加入糖粉、糕点奶油、蛋黄、熟麦粒、切成丁的糖渍香橼和适量橙花水。搅拌均匀做成蛋糕内馅。

6.把内馅倒入蛋糕盘。用面团条装点好蛋糕表面后，把蛋糕放入烤箱，在180摄氏度下烘烤。

7.待那不勒斯甜馅饼完全冷却后，再从蛋糕盘中取出。

[1] 德国、西班牙、葡萄牙等地常用数字标示面粉种类，数字越小则代表面粉越精细。意大利以00、0、1、2标示，"00"型号面粉则为最精细的面粉，接近我们平时所说的低筋面粉。

苹果千层酥

难度系数：3

准备时间：30分钟
烹饪时间：25~30分钟

制作4~6人份所需材料

松饼面团350克
苹果300克
海绵蛋糕60克
糕点奶油120克
海绵蛋糕浸泡液（任意口味）30毫升
鸡蛋1个

装饰用材料：
糖粉25克

1.准备一块糕点板，将松饼面团滚开至厚度为约2毫米，然后切成两个长方形。其中一个尺寸约为10厘米×30厘米，另一个为13厘米×30厘米。

2.把小一点的长方形面团放入内衬有羊皮纸的烤盘中，用一把叉子在面团表面扎出小孔。

3.把海绵蛋糕切成厚度约为8毫米的长条，再将海绵蛋糕长条放在长方形面团的中央。

4.在海绵蛋糕上淋上浸泡液，再涂抹上糕点奶油。

5.把苹果削皮、去核，然后对半切开，再切成约5毫米的薄片，放在糕点顶部，堆放的时候将每一片苹果薄片依次重叠。

6.取一个小碗，放入鸡蛋打散，将蛋液刷在长方形面团漏出的边界上。

7.将另一个稍微大些的长方形面团盖在糕点的上方，将两个长方形的面团边缘互相挤压，使其合在一起。

8.用小刀或者糕点刀裁去面团四周多余的部分，在糕点面皮上竖着划一些长条，这样在烘烤的时候蒸汽可以从这些条缝中溢出。

9.用打散的蛋液涂抹糕点表面，再把糕点放入烤箱，在200摄氏度下烘烤20~25分钟。

10.烤好后将苹果酥从烤箱中拿出，用一个小筛子在苹果酥上撒上糖粉。

11.将烤箱温度调高到250摄氏度，把苹果酥重新放入烤箱烤几分钟，直到表面的糖粉变成焦糖，在糕点表面形成一层光亮的涂层。

12.把苹果酥从烤箱中拿出，让它自然冷却。这道点心无论是热吃或冷吃，都别具风味。

制作4人份所需材料

海绵蛋糕3层
牛奶1升
面粉100克
糖300克
磨碎的柠檬皮1个
香草粉1袋
新鲜水果1千克
朗姆酒100毫升
黄油60克

难度系数：1

准备时间：16分钟
烹饪时间：14分钟
冷却时间：2~3小时

鲜果层糕

1.把250克糖、面粉、香草粉和细致碾磨过的柠檬皮混合，加入牛
中，用中火加热，直到混合物变成浓稠、柔软的奶油。

2.持续搅拌奶油混合物直至煮沸，然后关掉火，加入黄油，再搅拌均匀。

3.在一块圆形板上铺上一层海绵蛋糕；朗姆酒中加入等量的水稀释，
稀释后的朗姆酒浇在海绵蛋糕上。

4.把1/3的奶油浇在蛋糕顶部。将水果去皮，切成小块，把1/3的水果
块摆在奶油层上面，再在水果块上撒一勺糖。其他两块海绵蛋糕的处理，
复这几步即可。

5.把做好的蛋糕放入冰箱，冷冻数小时。

黑樱桃馅饼

1.将软化的黄油与糖、面粉、鸡蛋、巴旦木碎、糖、可可粉、肉桂粉、香草粉和樱桃利口酒混合，揉捏成黄油面团。

2.把黄油面团放入冰箱冷藏1小时。

3.取2/3的面团在蛋糕盘上做衬底。在滚开的面团上涂抹黑樱桃果酱。然后把剩下的面团做成条状，铺在糕点顶部放成网格状。

4.把搅散的蛋黄液涂抹在黑樱桃馅饼上，在温度为160摄氏度的烤箱中烘烤大约40分钟。放凉后食用为佳。

制作4人份所需材料

黄油200克
糖250克
切碎的巴旦木250克
面粉200克
无糖可可粉10克
肉桂粉10克
香草粉1袋
鸡蛋1个
蛋黄1个
樱桃利口酒10毫升
黑樱桃果酱200克

难度系数：1

准备时间：20分钟
烹饪时间：40分钟

桃子巴旦木蛋糕

难度系数：3

准备时间：40分钟
烹饪时间：35分钟

制作4~6人份所需材料

油酥面团250克

内馅材料：
鸡蛋5个
蛋黄4个
糖140克
面粉100克
马铃薯淀粉30克
融化的黄油65克
巴旦木80克
杏仁20克
糕点奶油100克
桃子2个
碎杏仁饼干适量
切碎的巴旦木适量

装饰用材料：
鸡蛋1个
蛋糕装饰凝胶适量
糖粉适量

1.把油酥面团滚开，在一个直径为20厘米的蛋糕烤盘上做衬底，在面团上抹上一层糕点奶油，再把新鲜的桃子或者糖渍桃块放在顶部，撒上杏仁饼干碎屑。

2.把整鸡蛋、蛋黄和糖混合打撒，微微加热后，用搅拌器搅拌均匀。

3.将杏仁和巴旦木磨碎，与面粉和马铃薯淀粉混合，再加入鸡蛋和糖的混合液。最后，加入融化的黄油。

4.将上一个步骤做成的混合糊状物倒入烤盘，撒上碎杏仁饼干和巴旦木碎（也可以撒上巴旦木片）。

5.用面团条在糕点上摆成十字形状，刷上蛋液，再用叉子的侧面在蛋糕表面划出条路。

6.把蛋糕放进烤箱，在180摄氏度下烘烤 35分钟。

7.待蛋糕完全冷却，再从烤盘中移出。

8.在面包表皮条路上，用蛋糕装饰用凝胶上釉色，再撒上糖粉。

难度系数：2

准备时间：40分钟
静置时间：12小时

制作6人份所需材料

蘸酱糖浆材料：
糖80克
黑樱桃利口酒或橘子味利口酒40毫升
水30毫升

杏仁膏材料：
杏仁125克
糖150克
蛋清1个
蛋黄4个
海绵蛋糕300克
杏子果酱150克

装饰用材料：
杏子果冻60克（非必需）

杏子巴旦木蛋糕

1.在准备糖浆时，水中加糖煮至沸腾，待糖水冷却后再加入利口酒。

2.把海绵蛋糕切成三片。

3.取一片海绵蛋糕浸在糖浆里，再涂上1/3的果酱；另外两片重复这两个步骤。

4.把三片裹有糖浆的海绵蛋糕依次重叠，做成一个三层蛋糕。

5.在蛋糕四边抹上果酱。

6.把杏仁和糖混合，仔细磨碎，加入蛋清和蛋黄使之软化。不停搅拌糊状物直到杏仁膏足够细软，能够装入裱花袋。

7.在糕点的表面和四周，用杏仁膏做装饰。用带尖端的裱花袋，你可以挤出类似编织花纹的杏仁膏。

8.把蛋糕静置大约12小时使其变得干燥，然后放入烤箱，在230~240摄氏度下烘烤几分钟，直到蛋糕被烤出金黄的色泽。

9.从烤箱中取出，让其冷却。可以在蛋糕上涂一层加热后的杏子果冻做釉色。

难度系数：2

准备时间：1小时
烹饪时间：30分钟

制作4~6人份所需材料

油酥面团200克
南瓜400克
面粉100克
糖80克
黄油50克
鸡蛋1个
可可粉16克
发酵粉5克
盐少许
蛋糕烘焙用黄油和面粉适量

巧克力南瓜蛋糕

1.将南瓜洗净、去皮，切成小块，记得要去除南瓜子和南瓜丝。

2.将南瓜块上锅蒸大约10分钟，或者蒸到南瓜块不是太软的时候（可以用高压锅蒸2~3分钟）。

3.捞出1/3的南瓜，剩下的南瓜继续蒸20分钟（或者用高压锅再蒸3~分钟）。

4.把先捞出锅的南瓜切成片，把蒸煮时间更长的南瓜块搅拌成南瓜泥。

5.在一个撒有面粉的台面上，用擀面杖将油酥面团滚至大约3毫米厚。

6.把滚开的油酥面团放在一个抹有黄油、撒上面粉的蛋糕盘上作为衬底。

7.取一个碗，将黄油和糖混合。加入鸡蛋、南瓜泥和盐，一起搅拌均匀。再加入面粉、可可粉和发酵粉。

8.将混合均匀的糊状物倒入蛋糕盘中。把切片南瓜放在蛋糕的顶部，轻轻向下按压嵌在蛋糕上。

9.把蛋糕放入烤箱，在170摄氏度下烘烤大约30分钟。

10.从烤箱中拿出，静置冷却即可。

南瓜芝士蛋糕

难度系数：3

准备时间：1小时
冷冻时间：2小时

制作4~6人份所需材料

奶油材料：
蒸熟的切块南瓜250克
乳清干酪250克
打发的奶油150克
糖75克
动物明胶约5克

果冻材料：
蒸熟的切块南瓜250克
糖75克
动物明胶约7克
蛋糕外壳材料：
蛋清2个
糖15克
巴旦木40克
糖粉40克

1.将南瓜洗净、去皮、切成小块，记得要去除南瓜子和南瓜丝。

2.将南瓜块上锅蒸至柔软。蒸好搅拌成南瓜泥，分成两份，各25
克重。

3.制作果冻时，取一份南瓜泥和糖煮沸，煮的过程中融入动物明胶。
其冷却，留3~4勺放在一边，把剩余的果冻倒在一个比最终蛋糕用的模具
一点的模具中。

4.把果冻放入冰箱冷冻。

5.制作蛋糕外皮。先把巴旦木和糖粉混合，仔细碾磨。另外，将蛋清
糖混合，搅拌均匀。将杏仁和蛋清的混合物放在一起。在铺有烤箱专用纸
烤盘上，把杏仁蛋清混合物做成一个与蛋糕直径相同的圆盘，在180摄氏
下烘烤25分钟。

6.制作奶油，先把另一份南瓜泥和糖混合煮沸，在冷水中融入动物明
并挤干水分。

7.待其冷却，然后加入干酪和打发的奶油。

8.把蛋糕外皮放在一个18~20厘米模具的底部，抹上一层奶油，再放
果冻。

9.糕点的顶部另外再刷上一层奶油，用一个小抹刀仔细抹平，然后把
好的糕点放入冷冻柜冷冻。

10.从模具中取出糕点，用多余的果冻装点，再将糕点微微加热使表
易溶于口。

11.待蛋糕温热程度可以完美呈现芝士与南瓜细腻的口感时，便可装
上桌。

制作4~6人份所需材料

巧克力油酥面团250克
杏子果酱25克

内馅材料：
黄油100克
糖100克
核桃仁60克
面粉50克
马铃薯淀粉30克
糖渍橙子30克
黑巧克力20克
鸡蛋1个
蛋黄3个
发酵粉2克

装饰用材料：
核桃仁50克
糖粉适量

难度系数：2

准备时间：35分钟
烹饪时间：30分钟

核桃仁蛋糕

1.把核桃和少许面粉放入搅拌机，打开搅拌按钮，将核桃面粉磨碎。用筛子筛取面粉、马铃薯淀粉和发酵粉，筛好后先放在一旁备用。用一个带有叶状拌打器附件的搅拌器将黄油和糖均匀混合。

2.向搅拌器中加入一些鸡蛋和蛋黄，再加入核桃粉、融化的黑巧克力、切碎的糖渍橙子，最后加入面粉混合物。

3.滚开巧克力油酥面团，在一个直径为20厘米的烤盘上做衬底，把面团滚至厚度约3毫米。在滚开的面饼上抹上一层杏子果酱，再把烤盘的3/4空间填入搅拌器中做好的混合糊状物。把糕点放入烤箱，在180摄氏度下烘烤大约30分钟。

4.烤好后从烤箱中取出，盖上一层切碎的核桃仁，再撒上厚厚的糖粉，即可上桌。

制作4人份所需材料

平底锅用黄油适量
榛子300克
中筋面粉200克
融化的黄油100克
糖150克
咖啡60毫升
鸡蛋3个
发酵粉1袋
特级初榨橄榄油10毫升
朗姆酒20毫升
香草粉少许

装饰用材料：
糖粉适量

榛子蛋糕

1.先把去壳的榛子放在烤盘上稍微烘烤一下，再细细切碎。把榛子碎和糖、面粉混合，再加入3个已经打散的鸡蛋、咖啡、橄榄油、朗姆酒、香草粉、发酵粉，最后加入融化的黄油搅拌均匀。然后把这糊状混合物倒入抹好黄油的低边烤盘中。

2.蛋糕的最终厚度最好有2厘米。为了保证糊状混合物做成的蛋糕能有良好的造型，你可以把糊状物完全包在铝箔里，再轻轻地用手按压进烤盘模具里。

3.将烤箱温度调高至200摄氏度，烘烤30分钟。取出后撒上糖粉，常温下食用。

难度系数：1

准备时间：25分钟
烹饪时间：30分钟

制作4~6份所需材料

外皮材料：
干曲奇饼250克
黄油80克
可可粉60克
糖40克

内馅材料：
红薯500克
糖120克
鸡蛋2个
利口酒1茶匙
半个柠檬挤出的柠檬汁
肉桂少许
平底锅用黄油10克
糖粉适量
切片巴旦木适量

难度系数：2

准备时间：1小时
烹饪时间：20~25分钟

红薯饼

1.在制作红薯饼的外皮时，先把曲奇碾碎，与融化的黄油、可可粉和糖混合。

2.把饼干混合物在一个抹有黄油的烤盘中铺开，放入冰箱让其冷却30分钟。

3.把红薯带皮煮熟，再去皮，让其冷却，用一个马铃薯搅拌机打成红薯泥。

4.把红薯泥放入碗中，与糖、鸡蛋、利口酒、柠檬汁和肉桂混合。

5.把红薯泥混合物倒入烤盘，在180摄氏度下烘烤20~25分钟。待红薯饼冷却后即可上桌。也可以在表面撒上糖粉或者（和）切片巴旦木进行装饰。

制作4~6人份所需材料

油酥面团250克

内馅材料：
梨子果酱50克
切碎的开心果仁20克
黄油50克
糖50克
鸡蛋1个
牛奶70毫升
面粉100克
可可粉18克
发酵粉5克
梨子2个
盐少许

装饰用材料：
蛋糕装饰凝胶50克
切碎的开心果仁20克

梨与巧克力蛋糕

1.在撒有面粉的面板上，将油酥面团滚开至大约3毫米厚。

2.将油酥面团放在一个直径为20厘米的蛋糕烤盘上（或者用一些单人份的烤盘）做衬底，然后在面团表面抹上一层薄薄的梨子果酱。抹果酱的时候，记得也放上一些切碎的开心果仁。

3.取一个小碗，将黄油和糖混合。加入鸡蛋、牛奶和盐，混合均匀。

4.将面粉、可可粉和发酵粉一起过筛，加到之前的黄油混合物中，再把刚成的糊状物倒入准备好的蛋糕烤盘中。

5.把梨子削皮，切成两半，去除梨核，再切成梨片。把梨片依次铺在刚倒入蛋糕盘中的糊状物上面，轻轻按压，让梨片与之贴合。

6.把做好的蛋糕放入烤箱，在170摄氏度下烘烤大约30分钟。

7.从烤箱中取出后，让蛋糕自然冷却。一旦蛋糕冷却下来，用一点蛋糕装饰凝胶给梨片裹上釉色，再在顶部撒上切碎的开心果仁作为装饰。

难度系数：2

准备时间：30分钟
烹饪时间：30分钟

费奥迪拉开心果冰淇淋蛋糕

难度系数：3

准备时间：1小时
烹饪时间：18分钟
冷冻时间：2~3小时

制作6~8人份所需材料

费奥迪拉意式手工冰淇淋450克
开心果冰淇淋450克
裹有糖浆的酸樱桃10个

杏仁蛋白脆皮材料：
糖粉50克
未切的巴旦木50克
蛋清2个
糖20克

装饰用材料：
裹有糖浆的酸樱桃10个
去皮的开心果50克
糖65克
水20毫升

1.制作杏仁蛋白脆皮时，先在食物加工器里把糖粉和杏仁混合磨碎。再把磨碎后的粉末加入与糖一起打散的蛋清中，之后把混合好的糊状物装入裱花袋。

2.在内衬有羊皮纸的烤盘上，用裱花袋做出一个直径大约为16厘米的圆形蛋白脆饼，以及一个尺寸大约为3厘米×20厘米的条形脆饼。

3.在180摄氏度下烘烤大约18分钟。

4.在一个直径大约为18厘米的钢环（模具）底部和其2/3向上的环边位置盖上杏仁蛋白脆皮。

5.中途填入开心果冰淇淋，时不时加入一颗挤去糖浆的酸樱桃，在顶部放上费奥迪拉意式手工冰淇淋。

6.用一个小抹刀将甜点表面抹平，再把点心放入冷冻柜几小时使其变坚固。

7.准备装饰用的开心果：在一个炖锅[1]中，加入水和糖煮沸，再加入开心果继续烹煮，边煮边用勺子搅拌至糖完全结晶。把开心果混合物倒入一个烤盘，让其冷却。

8.把冰淇淋蛋糕从模具中取出，顶部可用酸樱桃、糖浆和开心果进行装饰。

---

[1] 译者注：炖锅，原文为bain-marie，英文中也常称作double boiler，是一种可以控制温度的双层蒸锅或热水炖锅。

含羞草蛋糕

难度系数：1

准备时间：30分钟
烹饪时间：1小时

制作6人份所需材料

蘸酱用糖浆材料：
糖80克
黑樱桃利口酒40毫升
水30毫升

海绵蛋糕大约500克
加糖的打发奶油300克
糕点奶油200克
动物明胶（在冷水中泡软再挤去水分）10克

装饰用材料：
糖粉适量

1.准备糖浆。在水中加入砂糖，煮沸后待其冷却，再加入黑樱桃利口酒。

2.在一个小锅中加入几勺糕点奶油，加热后再加入明胶，让其完全溶解。

3.把明胶和奶油的混合物从火上移开，加入剩余的未加热过的糕点奶油，再加入加糖的打发奶油。

4.处理海绵蛋糕。把第一块海绵蛋糕切成三层。去掉第二块海绵蛋糕的外皮，再把它切成直径为1厘米的立方块。在第一层海绵蛋糕上抹上1/3的奶油混合物，将切成立方块的蛋糕浸入黑樱桃糖浆中。另外两片海绵蛋糕也重复这两步。再把小立方块蛋糕夹在两片海绵蛋糕之间。

5.在整个甜点表面贴上海绵蛋糕切块，再把糕点放入冰箱冷藏大约1小时。

6.从冰箱取出后，在蛋糕表面撒上糖粉，这个含羞草蛋糕就可以上桌了。

难度系数：3

准备时间：1.5小时
冷冻时间：12小时

制作4~6人份所需材料

苏黎世蛋糕材料：
面粉250克
黄油100克
糖100克
鸡蛋1个
可可粉18克
牛奶55毫升
发酵氨10克

加糖的打发奶油250克
糕点奶油250克
牛轧糖50克
黑巧克力70克
朗姆酒15毫升
巧克力屑适量
白兰地酒渍樱桃适量
红色食用色素适量

软糖材料：
糖100克
葡萄糖浆15毫升
水20毫升

装饰用材料：
糖粉适量

苏黎世蛋糕

1.准备蛋糕的第一个步骤：在面板上把蛋糕用的所有材料揉在一起，然后把面团用保鲜膜裹起来，放在冰箱里自然发酵到第二天。

2.取出发酵好的面团，将面团滚至大约2毫米厚，再切成3片直径18~2
厘米的面饼（如果想做成单人份的，也可以切成更多小一点的，直径6~7厘米的面饼。

3.在一个内衬有羊皮纸的蛋糕盘上把面饼铺开。在200摄氏度下烘烤大约15分钟。

4.从烤箱中取出面饼，待其冷却。注意在烘烤的时候，发酵氨会产生大量蒸汽，所以需要确保房间处在通风状态。

5.开始制作软糖。最好准备一口小型铜锅，将糖、葡萄糖浆和水加热，将其煮至118摄氏度——可以用日常厨房用温度计检测下——然后用一把潮湿的糕点刷刷洗铜锅两侧，使之保持干净。把糖水混合物倒入微微潮湿的大理石表面，让它冷却3~4分钟，再用一把坚硬的木勺把边上的糖都刮到中间位置。

6.把砂糖混合物刮几分钟后，它就会开始变成白色。

7.在双重蒸锅中把糖溶解，用几滴红色食用色素染上色，再把樱桃浸入裹上釉色。

8.将黑巧克力和牛轧糖切碎，把碎屑放入糕点奶油中，再加入朗姆酒，最后混入打发的奶油。

9.把上一步骤中制成的混合物的1/3部分铺在第一片面饼上，另外两片面饼同样处理，蛋糕的四边也要糊上。

10.把整个蛋糕都裹上一层巧克力屑，并用上过釉色的樱桃做装饰。上桌前，撒上糖粉。

外交蛋糕

难度系数：2

准备时间：30分钟
烹饪时间：15分钟
冷冻时间：1小时

制作4~6人份所需材料

蘸酱用糖浆材料：
糖80克
黑樱桃或橘子口味的利口酒40毫升
水30毫升

油酥面团300克
海绵蛋糕150克
糕点奶油300克

装饰用材料：
糖粉适量

1.准备糖浆，水中加糖一并煮沸，待其冷却后再加入利口酒或者朗姆酒。

2.把油酥面团滚开，滚至厚度为约2毫米，再把面饼切成两个长方形，用一把叉子在面团上戳一些孔（便于发酵），静置大约半小时，以保证之后在烘烤的时候不会变形。

3.把两块长方形面饼放在内衬有羊皮纸的烤盘上，在180摄氏度下烘烤约15分钟。

4.当面饼快要烤好的时候，在两层面皮上撒上糖粉，让其在烘烤下变焦糖，或者可以把烤箱的温度调至最高。

5.把面皮从烤箱中取出，让其冷却。

6.用一个裱花袋把一半的糕点奶油铺在第一块长方形面皮上，再把海蛋糕放上去，浸上糖浆，均匀地铺上剩余的奶油。再把另一块长方形面皮在上面。

7.把甜点放在冰箱，冷藏至少1小时。

8.在蛋糕上桌前，先撒上大量的糖粉，再用红热的烙铁烫印蛋糕表面，形成栅格形状。

意式圆顶蛋糕

难度系数：3

准备时间：1小时
冷冻时间：2小时

制作4人份所需材料

意式蛋白脆皮材料：
蛋清2个
糖120克

蛋糕材料：
奶油300毫升
纯巧克力屑35克
无糖可可粉15克
海绵蛋糕250克

蘸酱用糖浆材料：
糖80克
黑樱桃或任意口味的利口酒30毫升
水30毫升

1.在煮锅中将水和糖煮沸做成糖浆。

2.待其冷却至微温，再加入利口酒。

3.制作意式蛋白脆皮时，先把105克糖和20毫升的水混合加热，水温至120摄氏度。同时，在蛋清中加入15克糖，一并打散。当蛋清变硬时，锅中的糖水应该也已经烹煮完毕。这时，把烹煮好的糖加入搅散的蛋清中，续搅拌直至混合物变微温。

4.把冷奶油打发，分成两份装在两个碗里。

5.把过筛后的可可粉加入其中一个碗里，另一个碗中加入巧克力屑，别搅拌均匀。

6.在每一个碗里，加入75克的蛋白脆皮混合物。

7.把海绵蛋糕切片，用一部分海绵蛋糕切片在一个半球形模具里或者个布丁碗里打底（为了之后更好地将蛋糕从模具或碗里移出，可以在放入绵蛋糕前，先铺上一层保鲜膜打底）。

8.把海绵蛋糕用黑樱桃利口酒糖浆浸湿。

9.在海绵蛋糕上铺上奶油和可可粉。

10.在蛋糕顶部铺上混有巧克力的奶油，把蛋糕模具填满。

11.把剩下的海绵蛋糕切片蘸上黑樱桃利口酒糖浆，铺在蛋糕顶部。后把这个意式圆顶蛋糕放在冷冻柜中，冷藏至少2小时。

12.从冰箱取出蛋糕后，静置5~10分钟再上桌。可以用意式蛋白脆皮装饰蛋糕（当然需要提前再准备一份蛋白脆皮用以装饰），蛋白脆皮可以厨房用喷灯上釉色。

13.给蛋糕上釉色的时候，用喷灯火焰快速地燎过蛋糕表面，与蛋糕保几厘米的距离，以确保蛋糕表面在呈现浅浅的金黄色的同时，不会被烤煳。

茶匙甜点

奶油般的愉悦

贾科莫·莱奥佩蒂是一个拒绝狂喜，且对生活中的快乐极度悲观的人。但即使是像他这样的人，也对冰淇淋、雪糕、慕斯、奶油这些甜点情有独钟。

似乎对任何人而言，奶油甜点都是不可抵挡的诱惑。

芬芳外溢的贝拉梨冻，承载蛋香、酒香的萨芭雍，还有精致美妙的果味牛奶冻，哪一样不让人食欲大开？

奶油甜点的世界，总是充满各种各样的惊喜。这里不仅有多如繁星的口味，还有令人眼花缭乱的食材和准备方式。

红薯布丁制作简单却口感丝滑；洁白的奶油冻盖上一层焦糖和融化的巧克力，美味度成倍增长；还有混搭多种冰淇淋的香蕉船，给你带来最极致的鲜美体验。

在接下来的一章里，我们介绍的很多奶油甜点都是传统的意式点心。

其中一些甜点拥有很长的历史，像是起源于皮埃蒙特的巧克力杏仁酒布丁，也被称作博内特。这个名字起源于它烹饪时所用的锥形铜模具，在皮埃蒙特的方言里，大家把这种形状就叫作博内特。这道美妙绝伦的布丁甜点，在十三世纪常常出现在宫廷宴会的餐桌上。

意大利人创造的许多甜品，如今已经风靡全世界。例如萨芭雍、意式冰糕，吃过的人无不被其美味所虏获，并从中获得温暖而坚定的力量。

甜味作为我们美食灵魂中不可分割的一部分，总能将我们带回充满快乐的童年时代，那里有美味的家庭式布丁，有小巧而充满诱惑的焦糖布丁，还有带给人无价慰藉的蜜桃冰淇淋。

制作4人份所需材料

香蕉4根
香草冰淇淋150克
草莓冰淇淋150克
黑巧克力冰淇淋150克

巧克力酱材料：
奶油40毫升
葡萄糖5克（非必需）
黑巧克力40克

装饰用材料：
加糖的打发奶油120克

难度系数：1

准备时间：10分钟

香蕉船

1.准备巧克力酱。奶油加葡萄糖（如果选用了葡萄糖的话）煮沸后，浇在切碎的黑巧克力上，将之混合均匀，直至巧克力酱变得丝绒般顺滑。

2.取几个椭圆形的碗（最好把这些碗先放在冷冻柜里冷藏一段时间），放入对半切成船舷形的香蕉（现场切开即可，提前切可能会使香蕉氧化变色），三种冰淇淋分别挖一个冰淇淋球放在两半香蕉中间。

3.用一个有星形尖端的裱花袋挤一些打发的奶油做出装饰花形，再浇上巧克力酱（喜欢食用温热巧克力酱的话，可以用炖锅或者微波炉加热）。

红薯布丁

1.将红薯洗净，带皮煮熟。

2.去皮、待红薯冷却后，用一个薯泥加工器把红薯压成泥，再和黄油、奶油、面粉一起放入煮锅中搅拌，烹煮2分钟。

3.把混合物从火上移开，加入糖、松子、葡萄干（提前把葡萄干在水中浸泡10分钟软化，再挤出水分）、肉桂和蛋黄。

4.将蛋清打散，加入之前的混合物中，用一把小抹刀从底部慢慢向上搅拌均匀。

5.把每一个模具都涂抹上黄油，然后每一个模具的3/4部分用混合物填满。

6.把填满的模具放入烤箱，在180摄氏度下烘烤35分钟。待布丁冷却后，再从模具中移出。如果你喜欢的话，可以在布丁顶部撒上可可粉。

制作4人份所需材料

布丁材料：
红薯250克
黄油40克
奶油100毫升
面粉20克
糖40克
鸡蛋1个
松子40克
葡萄干50克
肉桂少许
模具用黄油10克

装饰用材料：
可可粉适量（非必需）

难度系数：2

准备时间：20分钟
烹饪时间：35分钟

制作4人份所需材料

巴旦木250克
糖200克
动物明胶4张

装饰用材料：
巴旦木片适量

难度系数：1

准备时间：20分钟
冷冻时间：6小时

果味牛奶冻

1.用研钵和研杵或者食品加工机将去皮的巴旦木细细研磨，慢慢加入一些水搅成糊状。

2.将巴旦木和水混合均匀，用一张厨房用纸巾包裹住膏状物。

3.把纸巾放在碗里，挤去多余的水分。

4.把动物明胶泡在热水里，泡几分钟后拧干水分。

5.把巴旦木膏、糖和几片动物明胶混在一起。

6.把混合物放在一个些微抹油（以防粘）的长方形模具中，再把模具放入冰箱，冷藏至少6小时。

7.牛奶冻取出后，可以用巴旦木片进行装饰。

巧克力杏仁饼干布丁

1.在一口小型煮锅里放入糖和水熬煮，直至它们变成浓厚金黄色的焦糖，然后把焦糖倒入模具中（或者倒入单人份的多个模具中），待其冷却。

2.在另外一个小型煮锅中，把牛奶煮至沸腾。

3.把鸡蛋打散，与糖、可可粉、杏仁饼干碎屑和朗姆酒混合。

4.加入煮沸的牛奶，搅拌均匀后，浇在模具里的焦糖上面。把模具放入烤箱，在150~160摄氏度下烘烤大约45分钟。

5.把烤好的布丁放在冰箱中冷藏几小时，再从模具中取出。

制作4~6人份所需材料

布丁材料：
牛奶375毫升
鸡蛋3个
糖115克
可可粉25克
朗姆酒5毫升
杏仁饼干碎屑75克

焦糖材料：
糖100克
水25毫升

难度系数：1

准备时间：20分钟
烹饪时间：45分钟
冷冻时间：2小时

难度系数：3

准备时间：
1小时20分钟

制作4人份所需材料

果篮材料：
细砂糖200克
巴旦木片240克
玫瑰露酒适量

蛋奶沙司材料：
全脂牛奶500毫升
蛋黄3个
糖125克
面粉30克
香草豆荚1个
柠檬皮适量

甜面包材料：
面粉250克
糖75克
香草发酵粉10克
猪油50克
鸡蛋1个
柠檬皮适量
全脂牛奶150毫升

装饰用材料：
水果适量

配有香草蛋奶和甜面包的巴旦木果篮

1.制作果篮时，先用一个小煮锅融化掉细砂糖，加入巴旦木片，将它
慢慢熬煮至像肉桂颜色的焦糖。

2.把混合物倒在一张羊皮纸上，形成相互交织重叠的圆圈形状。

3.让其冷却到微温，然后做成一个篮子的形状（可以用一个倒置的小
作为模具）。

4.制作蛋奶沙司。把牛奶和香草豆荚、柠檬皮放入小煮锅，将之煮沸。
在碗里把蛋黄打散，和糖混合均匀，再加入面粉，持续搅拌以确保不会
现结块。将牛奶倒入准备好的面粉混合物中，不断搅拌。再次加热（可用
火），搅拌至蛋奶沙司变得十分浓稠即可停止。待其冷却至微温后，倒入
有玫瑰露酒的果篮中。

5.制作甜面包。将面粉过筛后堆在木材质地的表面上，形成一座小
丘。然后在面粉中间挖出一个洞，在其中加入剩下的所有原料，揉捏在一
后让其自然发酵。之后把面团做成一个拳头大小的球形。用擀面杖把面团
开，滚成厚度约1厘米的面饼。用一种陶土器具加热（罗马尼亚的一种典
的圆形加热盘）。

6.把甜面包切成8块，每一个果篮中放两块。

7.用混合的莓子（如覆盆子、黑莓等）装饰。

制作10人份材料

面粉1千克
鸡蛋7个
蛋黄3个
糖150克
猪油150克
茴香利口酒2杯

蜂蜜300克
发酵粉1小袋
煎炸用油适量
盐少许

难度系数：1

准备时间：30分钟
烹饪时间：5分钟
静置时间：1小时

蜂蜜茴香馅饼

1.把7个鸡蛋和3个蛋黄打在一个大碗里，加入糖、猪油、茴香利口酒和盐。

2.把所有材料混合均匀，然后慢慢地、一点一点地撒入面粉，持续搅拌，直至碗里的混合物变得顺滑而有韧劲儿。

3.在面团里加入发酵粉，把碗的顶部盖住，让其静置发酵1小时。

4.用擀面杖把发酵好的面团滚开至厚度大约1厘米，再切成不同的形状（如星形、圆形、方块形等）。

5.在热油里煎炸一些面片，用衬纸沥干。

6.在蜂蜜中加入半杯水溶解成蜂蜜水，用小火煨几分钟。

7.把热过的蜂蜜水倒在刚刚油炸的面片上，轻轻地搅拌一下，即可享用。

南瓜焦糖布丁

1.把南瓜洗净、去皮，切成南瓜片，去掉南瓜子和南瓜丝，然后蒸大约0分钟或者蒸到南瓜变软为止（也可以用一个高压锅蒸3~5分钟），然后搅拌成南瓜泥，南瓜泥大约会有200克重。

2.在碗里打3个鸡蛋，加入糖、少许肉桂，再加入奶油和南瓜泥，把它们混合均匀。

3.把南瓜泥混合物倒在几个烤盘里，在210摄氏度的炖锅中水浴加热大约45分钟。待其冷却后，再在冰箱里冷藏至少1小时。

4.在甜品表面撒上奶油和一些红糖，用喷灯或者烤箱微微烤一下，把红糖变成焦糖，就做成了南瓜焦糖布丁。

制作4人份所需材料

南瓜400克
鸡蛋3个
糖60克
奶油300毫升
肉桂少许
可做焦糖的红糖适量

难度系数：1

准备时间：45分钟
烹饪时间：45分钟
冷冻时间：1小时

制作4人份所需材料

牛奶125毫升
奶油125毫升
糖50克
动物明胶5克

难度系数：1

准备时间：20分钟
冷冻时间：3小时

奶油冻

1.把牛奶、奶油和糖放在煮锅里煮沸，加入动物明胶。需要把动物明
提前在冷水中泡一下，再拧干多余的水分。

2.将所有材料小心搅拌均匀，避免起泡，然后把混合物倒入每一个模具中。

3.再把模具放入冰箱冷藏几小时。

4.混合物冻好后把奶油冻从模具中取出，按照喜好进行装饰。吃这种
式奶油布丁时，可以就着巧克力酱或者焦糖酱吃。也可以用草莓、猕猴桃、
梨或者任意水果做成果酱，然后蘸着吃。还可以撒上一些切碎的榛子或者
心果做装饰。

蜜桃冰淇淋

1.把桃子放入装有沸水的锅里烫煮30秒，用漏勺沥干水分，然后放入冰水的混合物中冷却，这样就能轻松地去除桃子的表皮。

2.把蜜桃切成两半，去掉桃核。同时，开始准备糖浆。把糖放入平底锅加水溶解，加入香草豆荚后煮2分钟。

3.把糖浆倒在去皮的桃子上，把桃子腌制12小时。也可以用泡在糖浆里桃子。

4.制作覆盆子酱时，先用浸入式搅拌机把覆盆子、糖和柠檬汁搅拌在一，再把混合物过筛。在每一个碗里（最好把要用的碗先放在冰箱里冷冻一）放上一勺香草冰淇淋球，上面盖上裹有糖浆的半个桃子，在顶上和四周一些打发的奶油。

5.抹一些覆盆子酱或者撒上巴旦木片做装饰。

制作4人份所需材料

香草冰淇淋250克

糖浆蜜桃材料：
硬的桃子2个
糖120克
香草豆荚1个
水200毫升

覆盆子酱材料：
覆盆子60克
糖25克
柠檬汁几滴

装饰用材料：
打发的奶油180克
烤过的巴旦木片10克

难度系数：2

准备时间：30分钟
静置时间：12小时

难度系数：2

准备时间：30分钟
静置时间：2小时

制作4人份所需材料

香草冰淇淋250克

炖梨用材料：
硬的小梨子4个
糖120克
香草豆荚1个
水200毫升

巧克力酱用材料：
奶油80毫升
葡萄糖10克（非必需）
黑巧克力80克

装饰用材料：
打发的奶油120克
烤过的巴旦木片10克

贝拉梨冻

1.准备香草糖浆。把糖在水中溶解后，与香草豆荚一起煮2分钟左右。

2.把梨去皮、去核，切成两半。

3.把梨子放在糖浆中腌制1~2分钟，再关掉火，让其冷却。或者，也可以用罐装的浸泡在糖浆里的梨子。

4.制作巧克力酱时，如果你准备了葡萄糖，就把葡萄糖加在奶油中煮沸，然后倒在切碎的巧克力上。

5.用一把小抹刀小心地搅拌，直到巧克力酱变得柔顺而丝滑。

6.在每一个碗里（最好把碗先放在冰箱里冷藏一段时间）放上一勺冰淇淋球，再放入两块腌制好的梨子。

7.用带有星形尖头的裱花袋，在布丁顶部挤上一点打发的奶油。

8.可以用巧克力酱（需要温热巧克力酱的话，可以用炖锅或者微波炉加热）和巴旦木片做装饰。

巧克力布丁

难度系数：1

准备时间：20分钟+55分钟（用于制作巧克力海绵蛋糕）
烹饪时间：50分钟
静置时间：2小时

制作4人份所需材料

奶油材料：
牛奶500毫升
鸡蛋3个
糖150克
无糖可可粉30克
黑巧克力80克
模具用黄油适量

巧克力海绵蛋糕材料（制作所需的最少用量）：
鸡蛋3个
糖80克
中筋面粉50克
无糖可可粉10克
马铃薯淀粉15克
黄油10克
发酵粉2克（非必需）
香草粉少许

1.准备巧克力海绵蛋糕。在炖锅里打入鸡蛋和糖，微微加热，其间用一个搅拌器搅拌。最好用一个混合器搅拌均匀，再加入面粉、可可粉、马铃薯淀粉、香草粉和发酵粉（先把所有粉一起过筛），用一把小抹刀从底部慢慢向上搅拌。

2.加入温热的、已经融化的黄油。

3.把蛋糕液倒入一个抹有黄油和面粉的蛋糕烤盘，填至2/3满即可。

4.把海绵蛋糕放入烤箱，在170摄氏度下烘烤20~25分钟。

5.开始准备奶油。在碗里把鸡蛋打散，加入糖和可可粉混匀。然后把1/4分量煮沸的牛奶倒在鸡蛋混合液里，搅拌均匀。再加入余下的牛奶和切碎的巧克力搅拌均匀 。

6.把100克海绵蛋糕切成小块，放在4个单独的提前抹好黄油的模具里。

7.倒入奶油，在150摄氏度下烘烤50分钟。

8.把巧克力布丁放在室温下冷却大概2小时，再从模具中移出。

制作4人份所需材料

蛋黄9个
糖180克
奶油500毫升
巧克力蛋糕掰成小块125克
巧克力50克

巧克力蛋糕材料所需材料:
融化的黑巧克力80克
糖60克
黄油30克
巴旦木30克
面粉30克
玉米淀粉30克
烤熟的巴旦木10个
鸡蛋分开装盛3个
蛋糕盘用黄油适量

难度系数：1

准备时间：20分钟
冷冻时间：4小时

巧克力雪藏蛋糕

1.在巴旦木中加入一汤匙糖，将巴旦木捣碎，把剩下的糖加入蛋黄中搅拌均匀，再把巴旦木碎倒入蛋黄中，加入面粉和玉米淀粉。

2.加入30克融化的黄油。

3.把蛋白搅拌均匀，加入混合物中。

4.在蛋糕盘上刷好黄油，倒入混合物，在烤箱中以180摄氏度烘烤40分钟。

5.取出后自然冷却，然后翻转蛋糕盘，将蛋糕放入浅盘中，将融化的巧克力和烤巴旦木覆盖在表面。

6.使用搅拌机将蛋黄混合糖打散，直至混合物颜色变白。

7.将奶油在另一个碗中打发，直至变得浓稠。

8.把巧克力蛋糕掰成小块放入打散的蛋黄中，加入巧克力，然后加入奶油。

9.把混合物倒入冻奶油模具或者塑料内里的罐子中冷冻至少4小时。

10.把混合物从模具中倒出来，并切成1厘米厚的三角形或者片状。将它们摆盘并且按照想要的效果进行装饰。

热马沙拉萨芭雍配手指饼干

1.在深平底锅中加入蛋黄、糖和马沙拉白葡萄酒并搅拌均匀。深平底锅最好为铜质。

2.将平底锅以中火加热至沸腾，持续搅拌，让沸腾保持1~2分钟。

3.把萨芭雍盛出到杯子中或者碗中，配以手指饼干即可享用。

制作4人份所需材料

马沙拉白葡萄酒240毫升
蛋黄4个
糖80克
手指饼干8块

难度系数：2

准备时间：5分钟
烹饪时间：5~10分钟

小快乐

快乐接踵而来

蓝仙女为匹诺曹的生日准备了四百片两面刷了黄油的吐司。这绝对是一个很棒的想法，但是却不够美味诱人呀。那把它们换成四百个新鲜美味的甜点怎么样?

一层层、一叠叠的尚蒂伊奶油泡芙、杏仁软饼干、可爱的巧克力蘑菇、喷香的甜酒泡芙芝士卷、精致的奶油蛋白饼、摞成小山的诱人的花色小甜点、薄荷软糖、葡萄干馅饼、爆米花，还有巧克力棒棒糖……如果放在匹诺曹面前的是一盘这么可口的点心，他一定会选择乖乖听话。

在甜点星系的所有星球里，饼干和曲奇是最让人神往的。

从童年时期开始，甜点店里的这些美味就让我们在经过时贪婪地张大嘴巴、屏住呼吸，让我们在第一次自己成功制作出完美的蛋白糖饼或者漂亮的奶酪卷时欢呼雀跃。

这个世界让我们明白为什么如此简单的牛轧糖可以名列美味榜单。

这一章节里的许多甜点都属于意大利传统美食，这是指它们都源自意大利本土，并从贝尔佩斯走到了全世界。换句话说，关于甜点的灵感已经从遥远的地方来到了我们身边。

举例来说，迷你奶油卡萨塔蛋糕是受到了著名的卡萨塔蛋糕的启发，后者是西西里甜点的代表。西西里甜点是在撒拉森人占领小岛时期被埃米尔的厨师们发明的，更准确地说，是公元998年，当时埃米尔定居在了巴勒莫的卡尔萨区。这种精致蛋糕的名字是从阿拉伯语词汇quas’at中分离出来的，意思是一个又大又圆的碗。

制作4人份所需材料

糖150克
杏仁40克
整颗巴旦木50克
蛋清2个
糖粉适量
烤盘用的黄油和面粉适量

难度系数 2

准备时间：20分钟
静置时间：12小时
烹饪时间：5~7分钟

杏仁软饼干

1.把巴旦木和杏仁加糖磨碎（精磨），加入少许蛋清。然后将剩余的蛋清与之糅合在一起，形成柔软至无法成形的面团。

2.用裱花袋将面团在涂过黄油和面粉的烤盘上挤出一个个杏仁软饼干的形状，然后轻拍烤盘，让一个个小面饼轻微散开，静置一夜。

3.第二天早上，把糖粉撒在饼干表面，并用手指将饼干推成小山丘的形状。

4.将饼干置于230摄氏度的烤箱中烘烤5~7分钟。

尚蒂伊奶油泡芙

1.将泡芙的顶部切下，并置于一旁备用。

2.用裱花袋将糕点奶油充入泡芙，不要充得太满。

3.使用另外一个带有星星形状头部的裱花袋在顶部加上一团打发的奶油。

4.把之前放在一旁的泡芙顶部重新放在泡芙上，并放入冰箱中直到可以享用。

5.在享用之前，在每个泡芙的顶部稍稍撒上一层糖粉。

制作4人份所需材料

加糖并打发的奶油200克
糕点奶油300毫升
泡芙16个

装饰用的糖粉适量

难度系数 1

准备时间：15分钟

制作4人份所需材料

糖粉125克
无糖可可粉25克
蛋清1个
剁碎且妙熟的榛子75克
马铃薯淀粉14克
发酵粉3克
香草粉少许

难度系数 1

准备时间：20分钟
烹饪时间：10~12分钟

巧克力榛子饼干

1.在案板上撒上糖粉、可可粉、马铃薯淀粉、发酵粉和香草粉。

2.加入蛋清并搅拌，当混合物变得细致光滑时立刻加入炒熟的榛子碎。

3.在案板上薄薄地撒一层面粉，然后将面团揉成直径约3厘米的长条，切成约1厘米厚的小块。

4.把这些小饼干置于铺了烤盘纸的烤盘上，放入烤箱，以170摄氏度烘烤10~12分钟。

5.将饼干放置至冷却，然后从盘中取出。

巴旦木曲奇

1.把所有材料混合在一起，将整个面团揉成长条形，并放入有衬纸的烧
烤锡纸盘中。

2.将锡纸盘放入烤箱，以180摄氏度烘烤约30分钟。

3.将锡纸盘取出，把面团切成一片片曲奇，重新放回烤箱，继续烘烤
0分钟。

制作10人份所需材料

鸡蛋3个
糖400克
剥壳的完整巴旦木250克
发酵粉1包
面粉400克

难度系数 2

准备时间：20分钟
烹饪时间：50分钟

制作4~6人份所需材料

蛋清3个
糖150克
炒熟的榛子碎150克
香草粉少许

难度系数：2

准备时间：45分钟
烹饪时间：12~14分钟

美味丑曲奇

1.在一只碗里将蛋清和糖混合一起并打散，加入榛子碎和香草粉。

2.用平底锅，可能的话最好是用铜锅以中火加热混合物，直到变得浓稠、冒泡。

3.用两个勺子来为饼干定型，并放在有衬纸的烤盘上，在160摄氏度的温度下烘烤12~14分钟。

西西里巧克力奶油煎饼卷

1.将面粉、可可粉、黄油、鸡蛋、糖和少许盐倒在一起，在案板上揉，然后加入马沙拉白葡萄酒。

2.当面团变得光滑时，将其静置大约半小时。

3.同时，开始准备馅料。用筛子筛过干酪后，将干酪和糖混合，并加入渍橙皮和大颗粒的巧克力碎，然后把馅料置于冰箱中。

4.取出面团后把它切成一个个直径10厘米的圆片，把这些圆片包裹在奶油饼卷专用模具管外面，然后连同这些模具管一起放入热油中煎炸1~2分钟。

5.在这些煎饼卷变得金黄发焦时，将其取出放在纸巾上干燥，让它们冷，然后从模具上取下来。

6.用裱花袋在煎饼卷中填入意大利乳清干酪馅料，然后及时享用。

制作4人份所需材料

面团用材料：
普通面粉200克
无糖可可粉20克
糖25克
鸡蛋2个
马沙拉白葡萄酒50毫升
黄油20克
盐少许
煎炸用的特级初榨橄榄油适量

馅料用材料：
新鲜意大利乳清干酪250克
糖100克
糖渍橙皮50克
巧克力碎50克

难度系数：2

准备时间：30分钟
静置时间：30分钟
烹饪时间：1~2分钟

难度系数：2

准备时间：30分钟
烹饪时间：15~20分钟

制作4~6人份所需材料

松饼面团350克
加糖剁碎的榛子25克

蛋黄甜酒用材料：
蛋黄4个
糖80克
马沙拉白葡萄酒160毫升
面粉8克
玉米淀粉8克

蛋黄甜酒松饼煎饼卷

1.准备蛋黄甜酒，在深平底锅中加热马沙拉白葡萄酒。

2.在碗中打散蛋黄和糖。

3.筛好面粉和玉米淀粉，一起加入蛋黄和糖的混合物中并搅拌均匀。

4.把一点点加热过的白葡萄酒倒在蛋黄上，再加入剩下的马沙拉白葡萄酒，然后一起搅拌均匀。

5.将这些混合物倒回到平底锅中，煮沸一次，就可以把蛋黄倒入合适的容器中，让它冷却下来了。

6.在案板上将松饼面团揉成厚度大约为2毫米的面饼，然后切成1.5厘米宽、1.5厘米x15厘米的细条。

7.把这些细条缠在特制的金属煎饼卷模具上，让每个细条都和前一条重叠在一起。

8.把煎饼卷放在糖中，并且按压住，让糖附在煎饼卷表面，只需按压一面。

9.将一个个煎饼卷排列好放在烤盘上，蘸过糖的那一面向上。

10.在200摄氏度下将煎饼卷烘烤15~20分钟，直到煎饼卷变熟，表面的糖微微发焦。

11.冷却下来以后，将煎饼卷从金属模具中分离下来，然后使用裱花袋在煎饼卷里填入蛋黄甜酒。

12.在每个煎饼卷的开口处撒上榛子碎作为装饰。

制作4人份所需材料

番茄500克
糖85克
琼脂（或明胶粉）10克

难度系数：1

准备时间：30分钟
烹饪时间：1~2分钟
静置时间：1小时

番茄焦糖

1.把番茄皮剥下来，去掉里面的籽，然后用搅拌器打成泥状。
2.把糖和琼脂或者明胶搅拌在一起，再搅拌到番茄泥中。
3.把混合物倒入平底锅中，然后加热至沸腾，其间一直不断搅拌。
4.让混合物继续沸腾1~2分钟。
5.把混合物倒入模具或者一个高边烤盘中。
6.让它自然冷却大约1小时。
7.当混合物冷却下来以后，把它切成一个个立方体或者其他你喜欢的形状。

黄油乳脂迷你卡萨塔

1.拿出一半的饼干面团涂上黄油乳脂，在余下的饼干面团上涂上一层巧克力奶油乳酪。

2.将这些面团两两配对，在中间放上一颗糖渍樱桃。

3.把这些卡萨塔放在冰箱中冷藏至少半小时。

4.把每个卡萨塔切成4块。

制作4人份所需材料

饼干面团8盘
糖渍樱桃4个
黄油乳脂130克
巧克力奶油乳酪130克

难度系数：1

准备时间：20分钟
冷藏时间：30分钟

制作4~6人份所需材料

糖200克
葡萄糖浆30毫升
绿色食用色素、薄荷精华各40毫升

难度系数：2

准备时间：40分钟
冷却时间：4小时

薄荷方旦糖

1.在一个小平底锅（最好是铜锅）中加热糖、葡萄糖浆和水，直到11
摄氏度，这需要使用普通的厨房用温度计。

2.用沾湿的烤盘刷来轻刷锅的边缘以保持它的清洁。

3.慢慢地把煮好的糖浆混合物倒在用水打湿的大理石平面上，让它冷却3~4分钟。

4.用坚硬的木铲把糖浆混合物从周围向中间聚拢。如此操作几分钟后，糖会慢慢变成白色。

5.把方旦糖放回到小平底锅中，隔水低温加热，让它慢慢熔化。

6.用几滴食用色素使其上色，然后用薄荷精华为它调味。

7.把热的方旦糖倒入合适的模具中，让它冷却大约4小时后从模具中取出。

葡萄干油炸饼

1.准备面糊，使用搅拌器将面粉、新鲜酵母、鸡蛋、糖、橄榄油和一勺牛奶搅拌在一起。

2.将面糊在冰箱中静置1小时。

3.在其中插入勺子来观测面糊的浓稠度；需要的话在里面加入一些牛奶。

4.将葡萄干加入面糊中，再加入几勺热油。

5.煎炸一块块面糊，直到颜色变得金黄，放在纸巾上沥干油分。趁它们还香喷喷、热腾腾的时候抓紧时间享用。记得在享用这道葡萄干油炸饼前在表面撒一层糖粉。

制作4人份所需材料

面粉100克
葡萄干100克
新鲜酵母5克
糖30克
初级压榨橄榄油30毫升
牛奶、鸡蛋各适量
煎炸用油适量
装饰用糖粉适量

难度系数：1

准备时间：15分钟
静置时间：1小时
烹饪时间：5分钟

巧克力蘑菇

制作4人份所需材料

奶油松饼油酥面团250克
巧克力糕点奶油350克
装饰用可可粉适量
黄油适量
面粉适量

难度系数：1

准备时间：40分钟
烹饪时间：20分钟

1.把面团的一半装在裱花袋中，在裱花袋装上直径1厘米的圆口裱花嘴。

2.在一个涂好黄油和面粉的烤盘中使用刚刚的裱花袋做出核桃大小的酥泡芙。

3.现在在裱花袋中装入另一半面团，接着做出水滴形状的小泡芙作为菇的茎部。

4.在烤箱中以200摄氏度烘烤20分钟，在烘烤最后的5分钟把烤箱的稍稍打开，泡芙才能充分干燥。

5.把烤盘从烤箱中取出，让其冷却。

6.在另一只裱花袋上装入直径为2毫米的裱花嘴，在裱花袋中装满巧力奶油，再填充到泡芙中。

7.把巧克力蘑菇保存在冰箱中，准备食用时取出，此时在表面撒上可可粉。

大米爆米花巧克力棒棒糖

1.在每个爆米花饼上都插上木质叉子。

2.准备加热黑巧克力：用炖锅水浴加热的方式或者用微波炉以45~50摄氏度（使用烹饪用温度计）熔化巧克力，接着把其中的1/3~1/2的巧克力倒在光滑的操作台上，使其冷却直到它达到26~27摄氏度，然后把巧克力加到剩下的热巧克力上。当新的巧克力混合物达到31~32摄氏度时就可以使用了。

3.把棒棒糖浸入热巧克力中，沥掉多余的部分，然后放在衬有烤盘纸的盘子上。

4.立即在表面撒上坚果（这些坚果可以是炒榛子碎、炒巴旦木、不加盐的开心果或者其他坚果）。

5.让棒棒糖在室温下硬化结晶。

制作4人份所需材料

棒棒糖用大米爆米花饼4个
巧克力砖用黑巧克力150克
装饰用烘干坚果40克

难度系数：1

准备时间：10分钟

制作4~6人份所需材料

蛋清5个
糖300克
玉米淀粉30克（非必需，可选）
打发的甜奶油200克
装饰用巧克力碎屑适量

难度系数：1

准备时间：20分钟
烹饪时间：3小时

奶油蛋白酥

1.开始搅拌蛋清，在中途加入少许糖，最后加入剩下的所有糖（如果选择使用玉米淀粉，在这时一起加入），用手混合。

2.使用装有18~20毫米圆头裱花嘴的裱花袋把混合物在衬有烤盘纸的烤盘上挤成一个个蛋白酥的形状，然后放在烤箱中，在100摄氏度的温度下烘烤3小时，其间烤箱门稍稍打开一些。

3.在食用前把蛋白酥置于干燥在环境中。

4.将蛋白酥两两配对背对着放在一起，在中间填充打发的奶油和用来做装饰的巧克力碎（或者是新鲜水果）。

基瓦索榛子饼干

1.将榛子和糖一起细细研磨，然后加入蛋清，揉成一个非常柔软的面团。

2.用带有6毫米裱花嘴的裱花袋挤出一个个豌豆大小的小圆球，然后放在衬有衬纸的烤盘上。

3.在190摄氏度的温度下烘烤10~15分钟。

制作4~6人份所需材料

糖260克
生榛子70克
炒榛子30克
蛋清3个

难度系数：1

准备时间：20分钟
烹饪时间：10~15分钟

榛子爆米花小食

难度系数：2

准备时间：50分钟
烹饪时间：15分钟
冷却时间：15分钟
静置时间：2小时

制作8人份所需材料

酥类面团250克
巧克力口味酥类面团250克
榛子片160克
白巧克力碎200克
大米爆米花75克

1.将两种面团擀平至3毫米厚（也可以根据个人喜好让它更厚一点），然后切成8个大约4厘米x10厘米的长方形。

2.将这些长方形放在铺有衬纸的烤盘上，在180摄氏度下烘烤15分钟，然后让它冷却。

3.开始准备馅料：使用料理机将榛子片打成含有油的糊状，加入白巧克力，然后继续搅拌直到混合物变得细滑均一。把混合物倒入碗中，加入大米爆米花后在旁边静置。

4.将一半的长方形条放在托盘上。

5.当馅料全部变得像奶油一样，把它涂抹在长方形条上，然后用剩下的另一半长方形条盖上。

6.把它们放在冰箱中15分钟，使其变得坚硬，然后把每个夹心长方形用刀切开，连接的奶油部分从中间分成两半（这一部分在冰箱中已经变成固体）。

7.在阴凉处静置几小时。

制作4~6人份所需材料

去壳完整巴旦木150克
糖225克
蛋清1个
磨碎的橙子皮少许
香草粉少许
蜂蜜7克
黄油10克

难度系数：1

准备时间：20分钟
静置时间：12小时
冷却时间：5~7分钟

花色小甜点

1.使用食物料理机将巴旦木和糖混合在一起细细研磨。

2.加入蛋清使混合物变得更加细软，再加入橙皮碎、香草粉和蜂蜜。

3.一直搅拌，直到混合物变得足够绵软，可以装进裱花袋中。

4.在烤盘上轻轻刷上一层黄油，使用装有中号锯齿状裱花嘴的裱花袋做出一个个小甜点的形状。

5.在小甜点表面装饰糖渍水果、水果干，也可以放些坚果，放置过夜使其干燥。

6.第二天将其在230~250摄氏度下烘烤5~7分钟。

牛轧糖

1.把榛子放在烤盘上置于烤箱以100摄氏度烤熟。

2.在平底锅中加热蜂蜜。同时，将蛋清打发加入热蜂蜜中，继续加热，不断搅拌，直到混合物达到120摄氏度。

3.加入香草粉，同时加热糖、葡萄糖浆和水到120摄氏度，然后加入蛋清混合物。

4.加入热榛子后将混合物倒入衬有糯米纸的烤盘中（如果没有的话可以使用涂过油的烤盘纸），然后在表面上覆盖上糯米纸（或者烤盘纸），使用擀面杖擀平表面，让它冷却下来，在顶部盖上有点重量的物体。

5.当牛轧糖完全冷却后，把它切成条块，然后就可以享用了。

制作4~6人份所需材料

炒熟的榛子200克
蜂蜜100克
蛋清1个
糖100克
葡萄糖浆40毫升
水20毫升
糯米纸适量
香草粉少许

难度系数：3

准备时间：10分钟
烹饪时间：1小时

纸杯蛋糕

迷你蛋糕

它们是让人难以抵挡的。圆圆的、令人愉悦的完美形状，层出不穷的装饰五彩斑斓而多变，细致繁复的装饰优雅可爱、恰到好处。

纸杯蛋糕是一种蓬松的、有趣的、风味独特的美味迷你蛋糕。从一整个大蛋糕变成迷你蛋糕而不损失任何美味仿佛是一种魔法。而且，它甚至更加甜美。纸杯蛋糕可以毫不违和地出现在洋娃娃房间的厨房桌子上，或者成为友善的小矮人们野餐时的美味。难怪它们也被称作“仙女的蛋糕”。纸杯蛋糕是朋友们喝茶聊天或者午后甜点的绝佳选择。它们也为生日派对等特殊场合平添了许多趣味。

就像其他甜品一样，制作纸杯蛋糕的材料根据不同的食谱可以多种多样。纸杯蛋糕种类的名单无穷无尽，不仅因为装饰的不同，也因为面团的不同。通常传统的纸杯蛋糕是用糖衣（蛋白糖霜、黄奶油或者糖霜）、奶油馅料和一点装饰，这通常指顶部的糖渍樱桃。

“在杯子中烘焙的蛋糕”可以追溯到1796年由艾美利亚·西蒙斯所著的《美式烹饪》，这是第一本美国烹饪类书籍。而“纸杯蛋糕”这个词首次被使用是在1828年。这种迷你蛋糕的名字一眼就可以看出来是从在杯子中烘焙的烹饪方式中得出来的（这是在特殊模具或者专用纸盒发明出来之前的惯常做法），但是根据一些历史记载，这个说法也和美国使用杯子而不是种类作为计量工具的习惯有关。凭借简易的准备和烹饪方法，纸杯蛋糕很快就掀起了一股风潮。直到第一次世界大战后，这些可爱的小蛋糕才开始出现在市面上单个售卖。

尽管这种甜品是美式烹饪的一个符号，但它们其实融合了拥有悠久历史的意大利甜点制作传统，也充满了地域性的创新灵感，同时成功地吸收了其他地区的特色。

难度系数：1

准备时间：15分钟
烹饪时间：15分钟

制作大约16个纸杯蛋糕所需材料

面糊用材料：
葵花子油、玉米油或者花生油60毫升
糖125克
鸡蛋1个
牛奶180毫升
“00”型号面粉或者通用面粉260克
醋栗、覆盆子、黑莓和蓝莓125克
发酵粉8克
香草豆荚1/2个
柠檬皮碎1/2个
盐少许

装饰用材料：
醋栗、覆盆子、黑莓和蓝莓125克
糖60克
奶油220毫升
明胶1片
柠檬汁几滴

森林之果纸杯蛋糕

1.将烤箱以180摄氏度进行预热。把鸡蛋、牛奶和油放在一个大一点的碗中一起搅拌。

2.在另一个碗中加入面粉、发酵粉、糖和盐混合。

3.从香草豆荚中取出香草籽和柠檬皮，一起加入干混合物中。

4.把面粉混合物和水果加入有鸡蛋、牛奶和油的湿混合物中，要保证水果的完整。

5.在蛋糕盘上铺上衬纸，在每个衬纸中填充混合物到3/4满，然后烘烤1分钟，直到顶部变成漂亮的浅棕色，使用牙签插入拔出时要保证表面干净。

6.让蛋糕在烤盘上冷却15分钟，然后把它放到烧烤架上让蛋糕完全冷却。

7.在一个小碗中用凉水浸泡明胶，然后在另一个碗里把水果的1/3、糖和柠檬汁混合在一起直到变软。

8.把混合物煮到沸腾，然后加入明胶，然后让它冷却。

9.打发奶油直到可以形成小山形状，然后加到水果混合物中。

10.在纸杯蛋糕上涂抹水果奶油和剩余的水果作为装饰。

制作大约18个纸杯蛋糕
所需材料

面糊用材料：
葵花子油、玉米油或者花生油60毫升
糖125克
鸡蛋1个
牛奶180毫升
“00”型号面粉或者通用面粉260克
发酵粉8克
罂粟籽30克
香草豆荚1/2个
盐少许

装饰用材料：
奶油250毫升
糖50毫升
罂粟籽适量

难度系数：1

准备时间：15分钟
烹饪时间：15分钟

罂粟籽纸杯蛋糕

1.将烤箱调至180摄氏度预热。

2.在搅拌碗中将鸡蛋、牛奶和油混合在一起。

3.放入罂粟籽和从香草豆荚中取出的香草籽。

4.在另一个碗里把面粉、发酵粉和盐调和。

5.把干混合物倒入湿混合物中，让面糊变得细滑。

6.在蛋糕盘上铺上衬纸，在每个蛋糕杯中倒入3/4满的面糊，烘烤15钟，直到顶部变成棕色，牙签插入可以干净地拔出。

7.让蛋糕在烤盘中冷却15分钟，然后移出放到烤架上，直到完全冷却。

8.打发奶油和糖，直到可以形成小山的形状，然后涂在纸杯蛋糕上，在顶部撒上罂粟籽。

马斯卡彭奶酪咖啡纸杯蛋糕

1.将烤箱调至180摄氏度预热。

2.在碗中使用搅拌器将黄油和糖高速打发，直到变得轻盈蓬松，这个过程大约5分钟。

3.在牛奶中将速溶咖啡溶解，并在其中加入鸡蛋和奶油。

4.在另一个单独的碗中，调和面粉、发酵粉和盐。把干混合物倒入湿混合物中，面粉不要倒得太快，持续搅拌直到面糊变得均匀。

5.在蛋糕盘上铺上衬纸，在每个蛋糕杯中倒入3/4满的面糊，烘烤15分钟，直到顶部变成棕色，牙签插入可以干净地拔出。

6.让蛋糕在烤盘中冷却15分钟，然后移出放到烤架上直到完全冷却。

7.把奶油和糖倒入一个碗中搅拌3~5分钟，然后加入马斯卡彭奶酪、朗姆酒继续搅拌，直到奶油变得细滑，涂在冷却下来的纸杯蛋糕顶部。最后在蛋糕顶部撒上可可粉作为装饰。

制作大约12个纸杯蛋糕所需材料

面糊用材料：
黄油（常温）75克
糖80克
鸡蛋1个
牛奶75毫升
宿松咖啡5克
“00”型号面粉或者通用面粉175克
发酵粉8克
盐少许

装饰用材料：
奶油150毫升
糖30克
马斯卡彭奶酪100克
朗姆酒5毫升
可可粉适量

难度系数：1

准备时间：20分钟
烹饪时间：15分钟

焦糖纸杯蛋糕

难度系数：1

准备时间：20分钟
烹饪时间：15分钟

制作大约12个纸杯蛋糕所需材料

面糊用材料：
黄油75克
糖75克
鸡蛋1个
牛奶130毫升
“00”型号面粉或通用面粉175克
发酵粉8克
香草豆荚1/2个
盐少许

装饰用材料：
糖150克
水80毫升
蜂蜜15克
奶油120毫升
黄油150克

1.将烤箱调至180摄氏度进行预热。

2.在平底锅中把糖熔化，直到变得金黄发棕。

3.把糖和2/3的牛奶混合在一起，并搅拌直到溶化，然后静置使混合完全冷却。

4.在另一个碗里把放软的黄油和刚刚制作的焦糖调和，然后加进鸡蛋从香草豆荚中取出的香草籽和牛奶。

5.取一个空碗，在其中调和面粉和盐。

6.把这个碗中的混合物加进刚刚的湿混合物中。

7.在蛋糕盘上铺上衬纸，在每个蛋糕杯中倒入3/4满的面糊。

8.烘烤15分钟，直到顶部变成棕色，牙签插入可以干净地拔出。

9.让蛋糕在烤盘中冷却15分钟，然后移出放到烤架上直到完全冷却。

10.在平底锅中加热150克糖、15克蜂蜜和50毫升水，使其化开做成糖，当糖变成金棕色时加入沸腾过一次的奶油。然后静置一旁冷却。

11.把软下来的黄油和120克焦糖混合在一起，装饰在每个纸杯蛋糕顶部，然后把剩余的焦糖汁洒在顶部。

制作大约12个纸杯蛋糕所需材料

面糊用材料：
黄油75克
糖75克
鸡蛋1个
牛奶100毫升
可可粉25克
“00”型号面粉或通用面粉150克
发酵粉8克
巧克力碎80克
香草豆荚1/2个
盐少许

装饰用材料：
奶油150毫升
黑巧克力125克

难度系数：1

准备时间：15分钟
烹饪时间：15分钟

巧克力纸杯蛋糕

1.将烤箱调至180摄氏度进行预热。

2.在一个碗中使用搅拌器高速打发黄油和糖直到变得蓬松，这个过程约需要5分钟。把鸡蛋和从香草豆荚中取出的香草籽混合在一起慢慢搅拌。

3.在另一个碗中调和面粉、发酵粉、可可粉和盐，然后把混合物加入糊中，面粉不要倒入得太快，要搅拌均匀。

4.加入巧克力碎，使巧克力碎均匀分布在混合物中。

5.在蛋糕盘上铺上衬纸，在每个蛋糕杯中倒入3/4满的面糊。在180摄度下烘烤15分钟，直到顶部变成棕色，牙签插入可以干净地拔出。

6.让蛋糕在烤盘中冷却15分钟，然后移出放到烤架上直到完全冷却。

7.使用炖锅隔水进行水浴，将巧克力熔化。

8.在另一个碗中打发奶油，使其可以形成小山的形状，把巧克力加入油中混合，然后按照喜好涂抹在纸杯蛋糕上作为装饰。

意大利乳清干酪巧克力纸杯蛋糕

1.将烤箱调至180摄氏度进行预热。

2.在一个碗中使用搅拌器高速打发黄油和糖直到变得蓬松，然后加入意大利乳清干酪。

3.把鸡蛋和从香草豆荚中取出的香草籽混合在一起慢慢搅拌。

4.在另一个碗中调和面粉、发酵粉、可可粉和盐，然后小心地把混合物加入面糊中，面粉不要倒入得太快，然后搅拌均匀。

5.在蛋糕盘上铺上衬纸，在每个蛋糕杯中倒入3/4满的面糊。在180摄氏度下烘焙15分钟，直到顶部变成棕色，牙签插入可以干净地拔出。让蛋糕在烤盘中冷却15分钟，然后移出放到烤架上直到完全冷却。

6.在一个碗中打发奶油，使其可以形成小山的形状。在另一个碗中搅拌意大利乳清干酪、香草籽和糖，然后把打发的奶油加入乳清干酪混合物中，用来装饰纸杯蛋糕。

制作大约15个纸杯蛋糕所需材料

面糊用材料：
黄油75克
糖75克
鸡蛋1个
意大利乳清干酪150克
牛奶90毫升
可可粉25克
“00”型号面粉或通用面粉150克
发酵粉8克
香草豆荚1/2个
盐少许

装饰用材料：
意大利乳清干酪235克
奶油165毫升
糖粉80克
香草豆荚1/2个

难度系数：1

准备时间：20分钟
烹饪时间：15分钟

难度系数：1

准备时间：20分钟
烹饪时间：15分钟

制作大约15个纸杯蛋糕所需材料

面糊用材料：
黄油100克
糖100克
鸡蛋2个
牛奶40毫升
“00”型号面粉或者通用面粉100克
发酵粉3.5克
椰蓉100克
香草豆荚1/2个
盐少许

装饰用材料：
牛奶巧克力180克
奶油220毫升

椰子纸杯蛋糕

1.将烤箱调至180摄氏度进行预热。

2.在一个碗中使用搅拌器高速打发黄油和糖直到变得蓬松，这个过程约需要5分钟。

3.贴着碗边把鸡蛋一次一个加入面糊中，慢慢地使用搅拌器进行搅拌然后加入牛奶和从香草豆荚中取出的香草籽，搅拌均匀。

4.在另一个碗中调和面粉、发酵粉和盐。

5.把这些材料加入面糊中，稍微搅拌后加入部分椰蓉。

6.在蛋糕盘上铺上衬纸，在每个蛋糕杯中倒入3/4满的面糊。

7.烘烤15分钟，直到顶部变成棕色，牙签插入可以干净地拔出。

8.让蛋糕在烤盘中冷却15分钟，然后移出放到烤架上直到完全冷却。

9.使用炖锅隔水进行水浴将巧克力熔化。

10.在另一个碗中打发奶油，使其可以形成小山的形状，把巧克力加奶油中继续搅拌至均匀细滑，将其涂抹装饰在纸杯蛋糕上，然后顶部撒上下的椰蓉。

制作大约12个纸杯蛋糕
所需材料

面糊用材料：
黄油75克
糖75克
鸡蛋1个
牛奶70毫升
朗姆酒30毫升
葡萄干45克
“00”型号面粉或通用面粉175克
发酵粉8克
盐少许

装饰用材料：
奶油120毫升
牛奶巧克力60克
黑巧克力60克

难度系数：1

准备时间：15分钟
烹饪时间：15分钟

朗姆纸杯蛋糕

1.将烤箱调至180摄氏度进行预热。在一个小碗中放入葡萄干和朗姆酒，然后腌制10分钟。

2.在搅拌碗中搅拌黄油和糖直到变得蓬松，这个过程大约需要5分钟，然后加入牛奶和鸡蛋。

3.在另一个碗中调和面粉、发酵粉和盐，把这些材料加入面糊中。然后加入3/4的葡萄干和朗姆酒，剩余的1/4留在旁边，后面做装饰用。

4.在蛋糕盘上铺上衬纸，在每个蛋糕杯中倒入3/4满的面糊。烘烤15分钟，直到顶部变成棕色，牙签插入可以干净地拔出。

5.让蛋糕在烤盘中冷却15分钟，然后移出放到烤架上直到完全冷却。

6.在平底锅中将奶油煮沸，然后加入巧克力，持续搅拌直到所有的巧克力溶化，然后让巧克力酱冷却下来。在纸杯蛋糕顶部涂抹巧克力酱，撒上留下来的葡萄干。

卡普雷斯纸杯蛋糕

1.将烤箱调至180摄氏度进行预热。

2.把黄油和糖一起打发，直到变得轻盈蓬松，这个过程大约需要5分钟。然后加入鸡蛋、牛奶和从香草豆荚中取出的香草籽搅拌均匀。

3.在另一个碗中调和面粉、发酵粉、可可粉和盐，再加入巴旦木碎，然后把这个碗中的材料加入湿混合物中。

4.在蛋糕盘上铺上衬纸，在每个蛋糕杯中倒入3/4满的面糊。烘烤15分钟，直到顶部变成棕色，牙签插入可以干净地拔出。让蛋糕在烤盘中冷却15分钟，然后移出放到烤架上直到完全冷却。接下来用冷水浸泡明胶。在平底锅中加热250毫升奶油和巧克力酱，然后把明胶加入其中，静置使其冷却。

5.将剩余的奶油和糖一起打发，直到可以形成小山的形状，然后加入奶油和巧克力的混合物中。最后把这些巧克力奶油装饰在蛋糕顶部就可以享用啦！

制作大约12个纸杯蛋糕所需材料

面糊用材料：
黄油75克
糖80克
鸡蛋1个
牛奶90毫升
“00”型号面粉或通用面粉100克
巴旦木碎50克
无糖可可粉25克
发酵粉8克
香草豆荚1/2个
盐少许

装饰用材料：
奶油250毫升
糖20克
明胶1片
巧克力酱150克

难度系数：1

准备时间：15分钟
烹饪时间：15分钟

制作大约14个纸杯蛋糕所需材料

面糊用材料：
黄油110克
糖110克
鸡蛋2个
巴旦木软糖70克
“00”型号面粉或通用面粉175克
发酵粉6克
盐少许

装饰用材料：
巴旦木软糖100克
蛋黄1个

难度系数：1

准备时间：15分钟
烹饪时间：20分钟

巴旦木纸杯蛋糕

1.将烤箱调至180摄氏度进行预热。

2.在一个搅拌碗中，把黄油、巴旦木软糖和糖一起打发，充分混合。然后加入鸡蛋继续搅拌至细滑。

3.在另一个碗中调和面粉、发酵粉和盐，把这些材料加入面糊中，注意不要过度混合。

4.在蛋糕盘上铺上衬纸，在每个蛋糕杯中倒入3/4满的面糊。烘烤20分钟，直到顶部变成棕色，牙签插入可以干净地拔出。让蛋糕在烤盘中冷却15分钟，然后移出放到烤架上直到完全冷却。

5.在搅拌碗中混合蛋黄和巴旦木软糖，然后把混合物涂抹在纸杯蛋糕顶部，当变干后用烹饪用喷灯烘烤纸杯蛋糕顶部即可。

乳脂松糕纸杯蛋糕

1.将烤箱调至180摄氏度进行预热。

2.把黄油和糖一起打发直到变得轻盈蓬松，这个过程大约需要5分钟。然后加入鸡蛋、牛奶和从香草豆荚中取出的香草籽搅拌均匀。

3.在另一个碗中调和面粉、发酵粉和盐，然后将面粉混合物和柠檬皮加入湿混合物中，搅拌直到变得细滑。

4.在蛋糕盘上铺上衬纸，在每个蛋糕杯中倒入3/4满的面糊。烘烤15分钟，直到顶部变成棕色，牙签插入可以干净地拔出。让蛋糕在烤盘中冷却15分钟，然后移出放到烤架上直到完全冷却。

5.当纸杯蛋糕冷却下来以后，使用小号圆柱形切刀从蛋糕上切一圈下来，然后切掉每个小圆柱的下半部分，把上半部分浸泡在阿尔科姆斯利口酒中。

6.在裱花袋中装满酥皮奶油，然后把奶油注入每个纸杯蛋糕里，再在顶部用酒中浸泡过的小圆柱封口，最后用可可粉装饰纸杯蛋糕。

制作大约12个纸杯蛋糕所需材料

面糊用材料：
黄油75克
糖75克
鸡蛋1个
牛奶 70毫升
“00”型号面粉或通用面粉175克
发酵粉8克
磨碎的柠檬皮1/4个
香草豆荚1/4个
盐少许

装饰用材料：
酥皮奶油150克
阿尔科姆斯利口酒适量
可可粉适量

难度系数：1

准备时间：15分钟
烹饪时间：15分钟

制作大约12个纸杯蛋糕
所需材料

面糊用材料:
黄油75克
糖75克
鸡蛋1个
牛奶 100毫升
“00”型号面粉或通用面粉175克
苹果1个
葡萄干70克
发酵粉8克
磨碎的柠檬皮1/2个
香草豆荚1/2个
肉桂适量
盐少许

装饰用材料:
酥皮奶油120克
黄油35克

难度系数：1

准备时间: 15分钟
烹饪时间: 15分钟

苹果葡萄干肉桂纸杯蛋糕

1.将烤箱调至180摄氏度进行预热。

2.在搅拌碗中把黄油和糖一起充分打发，然后加入鸡蛋、牛奶、碎柠檬皮和从香草豆荚中取出的香草籽，搅拌均匀。

3.在另一个碗中调和面粉、肉桂、少许盐和发酵粉，把这个碗中的材料加入湿混合物中。接着加入苹果和葡萄干，使它们均匀分布。

4.在蛋糕盘上铺上衬纸，在每个蛋糕杯中倒入3/4满的面糊。烘烤15分钟，直到顶部变成棕色，牙签插入可以干净地拔出。

5.让蛋糕在烤盘中冷却15分钟，然后移出放到烤架上直到完全冷却。

6.在一个碗中搅拌软化的黄油和酥皮奶油，用混合好的奶油装饰在蛋糕上就可以享用啦!

榛子纸杯蛋糕

1.将烤箱调至180摄氏度进行预热。

2.在搅拌碗中把黄油和糖一起充分打发，然后一次一个地加入鸡蛋，最后加入榛子膏。

3.在另一个碗中调和面粉、发酵粉和少许盐，把这个碗中的材料和榛子碎加入湿混合物中，搅拌直到混合物变得细滑。

4.在蛋糕盘上铺上衬纸，在每个蛋糕杯中倒入3/4满的面糊。烘烤15分钟，直到顶部变成棕色，牙签插入可以干净地拔出。

5.让蛋糕在烤盘中冷却15分钟，然后移出放到烤架上直到完全冷却。

6.接下来把卡普里诺奶酪、糖、榛子膏以及提前在水中溶解好的明胶在一个碗中混合好，再在一个小碗中打发奶油，直到可以形成小山的形状，把奶油倒进奶酪混合物中搅拌均匀，然后涂抹在蛋糕顶部，最后再撒上榛子碎装饰蛋糕。

制作大约14个纸杯蛋糕所需材料

面糊用材料：
黄油110克
糖100克
鸡蛋2个
榛子膏50克
“00”型号面粉或通用面粉100克
发酵粉4克
榛子碎50克
盐少许

装饰用材料：
新鲜的卡普里诺奶酪200克
糖60克
榛子膏40克
奶油100毫升
明胶1片
榛子碎适量

难度系数：1

准备时间：15分钟
烹饪时间：15分钟

制作大约12个纸杯蛋糕所需材料

面糊用材料：
黄油75克
糖75克
鸡蛋1个
牛奶70毫升
杏仁酒25毫升
“00”型号面粉或者通用面粉175克
罐头中取出的桃子（沥干糖水）100克
杏仁软饼干50克
发酵粉8克
盐少许

装饰用材料：
奶油150毫升
糖40克
罐头中取出的桃子（沥干糖水）100克
明胶1片

难度系数：1

准备时间：20分钟
烹饪时间：15分钟

蜜桃杏仁酒纸杯蛋糕

1.将烤箱调至180摄氏度进行预热。

2.在搅拌碗中把黄油和糖一起高速充分打发，直到变得轻盈蓬松，这个过程大约需要5分钟。然后加入鸡蛋和牛奶。在一个单独的碗中调和面粉、可可粉和盐，然后把这些材料加入湿混合物中，加入桃子、杏仁软饼干和杏仁酒。

3.在蛋糕盘上铺上衬纸，在每个蛋糕杯中倒入3/4满的面糊。烘烤15分钟，直到顶部变成棕色，牙签插入可以干净地拔出。让蛋糕在烤盘中冷却15分钟，然后移出放到烤架上直到完全冷却。

4.把明胶浸泡在冷水中，然后把桃子和糖一起打散。挤压明胶，确保挤出里面的水分，然后加到桃子混合物中。在另一碗里，打发奶油直到可以形成小山的形状，倒入桃子果泥中。等待混合物冷却下来装饰在纸杯蛋糕上。

麝香葡萄蛋黄酒纸杯蛋糕

1.将烤箱调至180摄氏度进行预热。

2.在碗中把油、葡萄酒和鸡蛋混合在一起搅拌，直到变得细滑。

3.在一个单独的碗中调和面粉、发酵粉、糖和盐，然后把这些材料加入混合物中并搅拌均匀。在蛋糕盘上铺上衬纸，在每个蛋糕杯中倒入3/4满的面糊。烘烤15分钟，直到顶部变成棕色，牙签插入可以干净地拔出。让蛋糕在烤盘中冷却15分钟，然后移出放到烤架上直到完全冷却。

4.把蛋黄、鸡蛋、糖和筛好的玉米淀粉一起打发，直到变得细滑。接下来在平底锅中加热葡萄酒，在即将沸腾的时候慢慢倒入鸡蛋混合物，要记得经常搅拌馅料，直到充分混合。

5.让馅料冷却下来，然后把麝香葡萄蛋黄酒涂抹在纸杯蛋糕的顶部。

制作大约18个纸杯蛋糕所需材料

面糊用材料：
葵花籽油、玉米油或者花生油165毫升
糖125克
鸡蛋1个
麝香葡萄酒170毫升
“00”型号面粉或通用面粉260克
发酵粉8克
盐少许

装饰用材料：
鸡蛋2个
蛋黄2个
糖140克
玉米淀粉10克
麝香葡萄酒150毫升

难度系数：1

准备时间：15分钟
烹饪时间：15分钟

冰淇淋

童年的味道

美味，香甜，富于变化；柔软，无忧无虑，偶尔鲁莽；轻松，令人愉快，无论寒暑；关于朋友、假日、自由。如果世界上有这么一样事物能通过我们的味蕾让我们回忆起童年，那一定是冰淇淋。难道还有比这更有趣、更让人兴奋的东西吗？有什么能和投入费拉迪奥的怀抱、享受咀嚼蘸满巧克力的榛子的美妙声音、感受巧克力碎片的柔软和沉迷在香甜的水果冰淇淋螺旋中的快乐相比呢？或者是让你自己被绝妙的口味搭配，最有想象力的纹理、颜色、香味的碰撞而惊喜？享用冰淇淋是一种真实的体验，而不只是满足口腹之欲。它是各个感官的交响乐，爱抚着我们的内心和灵魂。

基于不同的原料，冰淇淋可以大致分为两种：如果含有牛奶、奶油、糖、鸡蛋和其他配料如巧克力、咖啡、巴旦木、榛子等，那就是奶油基底冰淇淋；如果含有水（有时会换成牛奶来达到充满奶油的效果）、果汁、果肉和糖，那就属于水果基底冰淇淋。而果汁冰糕（sorbet）这个词指的是不含脂肪、牛奶或者奶制品的冰淇淋。奶油基底的冰淇淋不仅美味而且营养均衡，因为它提供了比例恰当的蛋白质、优质的糖类，以及矿物质和维生素。又因为牛奶是其中主要的原料，所以它也富含钙质、磷、维生素A和B族维生素（特别是维生素B_1和维生素B_2）。这些营养成分让奶油基底的冰淇淋不仅仅是甜点，还是一种食物，在夏天的时候可以替代一顿午餐或者晚餐。

制作好吃的冰淇淋有一些简单的小技巧。一个常见的错误是使用太多的糖，这不仅仅会让成品变得过于甜，而且会让冰淇淋变得难以冻结。还有就是每一块水果必须仔细打成果泥，因为水果这种原料水含量是很高的，冰淇淋放进冰箱时其中的水果块会很快结冰。冰块和牙齿撞击可不是什么令人愉快的体验……

卡萨塔冰淇淋

制作4个卡萨塔冰淇淋所需材料

开心果冰淇淋150克（参考第120页）
黑巧克力冰淇淋150克
费拉迪奥冰淇淋250克（参考第121页）
小块的糖渍柠檬和橘子50克

难度系数：2

准备时间：1小时
冷冻时间：1小时30分钟

1.在一个合适的金属模具的内部均匀涂抹上一层开心果冰淇淋。

2.把模具放进冰箱里至少半小时，让冰淇淋变硬。

3.重复同样的步骤，涂上一层黑巧克力冰淇淋。

4.把模具放进冰箱里至少半小时，让冰淇淋变硬，然后在中间装满混合了切块糖渍水果的费拉迪奥冰淇淋。

5.把卡萨塔冰淇淋放进冰箱里冷冻不少于半小时，使其完全变硬。把模具放在冷水下冲洗几秒钟，就可以从模具中取出冰淇淋。

榛果巧克力冰淇淋

1.使用浸入式搅拌器把巧克力冰淇淋和奶油冻冰淇淋与榛子膏混合在一起。

2.把混合物在4摄氏度的环境中静置6小时，然后使用冰淇淋机搅拌并冷冻混合物直到外表变得蓬松而干燥，表面不能发亮（所需要的时间取决于使用的冰淇淋机）。

3.把榛果巧克力冰淇淋分装进几个杯子或者蛋卷筒里，然后在表面撒上榛子碎作为装饰。

制作800克冰淇淋所需材料

冰淇淋用材料：
黑巧克力冰淇淋混合物375克
奶油冻冰淇淋混合物375克
野榛子膏75克

装饰用材料：
切碎的野榛子适量

难度系数：2

准备时间：1小时
静置时间：6小时

巧克力覆盆子冰淇淋

制作1千克冰淇淋所需材料

全脂牛奶400毫升
半脂牛奶奶粉50克
糖110克
葡萄糖40克
冰淇淋稳定剂3.5克
奶油100毫升
覆盆子200克
黑巧克力100克

难度系数：2

准备时间：1小时
静置时间：6小时

1.把巧克力剁碎并倒入一个碗中。

2.在一个小平底锅中加热牛奶到45摄氏度，加入糖、奶粉和稳定剂。

3.缓缓倒入牛奶和葡萄糖，加热到65摄氏度，再加入奶油。在85摄氏度下进行巴氏灭菌，然后加入巧克力，搅拌至巧克力完全溶化。

4.把混合物放进容器里，并把容器泡在加冰的水池中，使混合物迅速降温至4摄氏度。让混合物在4摄氏度下静置6小时。

5.加入覆盆子，用浸入式搅拌器仔细搅拌，再用冰淇淋机搅拌并冷冻混合物直到表面看起来蓬松而干燥，表面不能发亮（所需时间取决于使用的冰淇淋机）。

6.把巧克力覆盆子冰淇淋分装进杯子或者蛋卷筒里。

制作1千克冰淇淋所需材料

全脂牛奶100毫升
脱脂奶粉110克
水125毫升
芒果果肉500克
柠檬汁15毫升
糖200克
葡萄糖25克
冰淇淋稳定剂4.5克

难度系数：1

准备时间：1小时
静置时间：6小时

芒果冰淇淋

1.在一个小平底锅中加热牛奶到45摄氏度，加入糖、脱脂奶粉和稳定剂。然后加入葡萄糖。

2.先在85摄氏度下进行巴氏灭菌，然后把混合物放进容器里，并把容器泡在加冰的水池中，使混合物迅速降温至4摄氏度。

3.加入芒果果肉，再让混合物在4摄氏度下静置6小时。接着加入柠檬汁，用冰淇淋机搅拌并冷冻混合物直到表面看起来蓬松而干燥，表面不能发亮（所需时间取决于使用的冰淇淋机）。

4.把芒果冰淇淋分装进杯子或者蛋卷筒里，如果喜欢的话可以用几片芒果来装饰冰淇淋。

制作800克冰淇淋所需材料

全脂牛奶500毫升
糖120克
半脂牛奶奶粉20克
葡萄糖25克
冰淇淋稳定剂3.5克
奶油75毫升
纯开心果膏90克

难度系数：2

准备时间：1小时
静置时间：6小时

开心果冰淇淋

1.在一个小平底锅中加热牛奶到45摄氏度，加入糖、奶粉、葡萄糖和稳定剂。

2.缓缓倒入牛奶，并加热到65摄氏度，加入奶油后，在85摄氏度下进行巴氏灭菌。

3.加入开心果膏，用浸入式搅拌器仔细地搅拌。

4.把混合物放进容器里，并把容器泡在加冰的水池中，使混合物迅速降温至4摄氏度。接着让混合物在4摄氏度下静置6小时，用冰淇淋机搅拌并冷冻混合物直到表面看起来蓬松而干燥，表面不能发亮（所需时间取决于使用的冰淇淋机）。

5.把开心果冰淇淋分装进杯子或者蛋卷筒里。

费拉迪奥巧克力碎冰淇淋

1.把牛奶倒进一个小平底锅中，加热到45摄氏度，然后加入糖、奶粉、葡萄糖和稳定剂，接下来缓缓倒入牛奶，加热到65摄氏度。

2.加入奶油后以85摄氏度进行巴氏灭菌。然后把混合物放进容器里，并把容器泡在加冰的水池中，使混合物迅速降温至4摄氏度。

3.让混合物在4摄氏度下静置6小时，用冰淇淋机搅拌并冷冻混合物直到表面看起来蓬松而干燥，表面不能发亮（所需时间取决于使用的冰淇淋机）。如果想制作巧克力碎冰淇淋，把黑巧克力碎片放进制作出来的费拉迪奥冰淇淋中就可以了。

4.把费拉迪奥冰淇淋分装进杯子或者蛋卷筒里就可以享用了。

制作800克冰淇淋（费拉迪奥冰淇淋或者巧克力碎冰淇淋）所需材料

费拉迪奥冰淇淋用材料：
全脂牛奶500毫升
糖120克
半脂牛奶奶粉20克
葡萄糖15克
冰淇淋稳定剂3.5克
奶油125毫升

巧克力碎片冰淇淋用材料：
黑巧克力碎90克

难度系数：2

准备时间：1小时
静置时间：6小时

酸樱桃旋风冰淇淋

难度系数：2

准备时间：1小时
静置时间：6小时

制作1千克冰淇淋所需材料

奶油冻冰淇淋用材料：
全脂牛奶500毫升
蛋黄3个
糖150克
葡萄糖20克
半脂牛奶奶粉15克
冰淇淋稳定剂3.5克
奶油50毫升
柠檬皮1/2个
香草豆荚1/2个
咖啡豆3个

酸樱桃螺旋酱用材料：
酸樱桃（去核）250克
1/4个柠檬挤出的柠檬汁
糖150克
玉米淀粉30克

1.制作酸樱桃螺旋酱，在小平底锅里加热酸樱桃和柠檬汁到沸腾，再加入糖和玉米淀粉，让混合物继续沸腾几分钟，然后放置冷却。

2.制作奶油冻冰淇淋，把牛奶、香草豆荚、咖啡豆和用削皮器削下来的柠檬皮（只用黄色部分）倒入一个小平底锅中一起加热到45摄氏度。

3.把糖、奶粉、葡萄糖和稳定剂混合，缓缓加入牛奶中。加热到65摄氏度，然后加入奶油和蛋黄，以85摄氏度进行巴氏灭菌。

4.把混合物放进容器里，并把容器泡在加冰的水池中，使混合物迅速降温至4摄氏度。接着让混合物在4摄氏度下静置6小时，用冰淇淋机搅拌并冷冻混合物直到表面看起来蓬松而干燥，表面不能发亮（所需时间取决于使用的冰淇淋机）。

5.在冰淇淋表面用樱桃酱做出螺旋，剩下的用作装饰。

制作400克意大利冰所需材料

水400毫升
糖40克
薄荷糖浆100毫升

装饰用新鲜薄荷叶适量（可选）

难度系数：1

准备时间：15分钟
冷冻时间：2~4小时

意大利薄荷冰

1.准备糖浆，把水和糖加热并使其沸腾一分钟，冷却后加入薄荷糖浆。

2.把液体混合物放进冰箱中，直到开始冻结。每过一会儿就用搅拌器搅拌均匀再放回冰箱中。不断重复这个步骤至少4~5次，然后意大利冰就做好了。

3.从冰箱中取出来，分装进不同的杯子。如果喜欢的话，可把新鲜薄荷叶清洗干净，然后擦干来装饰意大利冰。

红西柚果汁冰糕

1.混合糖和稳定剂，慢慢倒入煮沸的开水中，再加入葡萄糖浆，加热到5摄氏度，不停搅拌。然后让混合物冷却，在4摄氏度下静置6小时。

2.在混合物中加入柠檬汁和红西柚果汁，一起倒入冰淇淋机。搅拌混合物直到表面变得干燥，其中不再有小块（所需时间取决于使用的冰淇淋机）。

3.把红西柚果汁冰糕分装进杯子中。

制作1千克果汁冰糕所需材料

水235毫升
糖270克
葡萄糖浆40毫升
冰淇淋稳定剂3克
柠檬汁10毫升
红西柚果汁（大约5个西柚）460毫升

难度系数：1

准备时间：30分钟
静置时间：6小时

冷冻松露巧克力

难度系数：1

准备时间：40分钟
冷冻时间：1小时

制作4~6份松露巧克力所需材料

黑巧克力冰淇淋315克
香草冰淇淋315克
榛子膏65克
黑巧克力奶油150克
榛子碎30克
不加糖可可粉适量

1.把巧克力冰淇淋、香草冰淇淋和榛子膏混合在一起，在冰淇淋机中搅拌，直到混合物表面变得蓬松而干燥，表面不能发亮（所需时间取决于使用的冰淇淋机）。

2.在合适的金属模具内部表面涂抹一层刚做好的冰淇淋，然后置于冰箱。

3.在顶部撒上榛子碎，然后用冰淇淋球形勺制作一个巧克力冰淇淋球放在里面。

4.用抹刀来平整表面，然后放在冰箱冷冻至少1小时。

5.把模具放在冷水中冲洗几秒钟取出松露巧克力，然后整颗蘸上可可粉即可。

腌制食品，蜜饯和果酱

味道藏宝箱

腌制食品是精明的贪吃鬼的发明，他们拥有关于美味的智慧，把此时此刻的美味存起来留给不那么美味的季节，可以将夏天的珍贵味道作为礼物赠送给茫茫雪天，或者把春天的繁茂加进秋日的香甜。在家里制作罐头让我们沉浸在仪式一般的趣味中，这有可能会让你费尽力气，但是会留给你强烈的满足感，尤其是蔬菜和水果产自自家菜园的时候就更是如此了。如果不是独自制作而是全家总动员，把创造力、对生活的感情还有爱灌进罐子里，那我们就一起分享了这无价的喜悦。

要给空罐子消毒，首先要在高温杀菌锅里装一部分热水，把罐子开口向上放在杀菌锅的架子上，然后再用热水填进锅里和每个罐子里，水和罐子顶部留3厘米距离。盖上锅盖，加热至沸腾，保持至少10分钟（或者到30分钟，取决于杀菌锅的大小）。这个时间适用于1000英尺（1英尺=0.3048米）以内，高于1000英尺的地方，每多1000英尺要多沸腾1分钟。取出，然后一个个地沥干罐子的水分。把热水保留下来清洁盖子和一会儿装罐完成的罐子。

在灌装这些罐子前5分钟，把盖子按照说明放在开水中。把腌制食物用的勺子放在杀菌锅的罐子中，顶部留出3厘米空间，并确保罐子中没有气泡。擦干净边缘，盖上盖子，按照螺纹拧紧。把罐子放在装有架子的大桶中，加水直到覆盖罐子超过5~8厘米，把水煮沸，然后把温度降下来保持小火沸腾，持续40分钟，确保罐子全程都被水覆盖。然后关火，等待5分钟，把罐子取出来放在架子上或毛巾上冷却。如果密封足够严密，在罐子上做好标记，把它们储存在凉爽干燥的地方。在室温下储存且不被打开的情况下，腌制食品可以保存一年。打开之后，在冰箱中储存，10天之内食用完毕。

灌装2只500克罐子所需材料

成熟但仍硬挺的杏子1千克
糖350克
水1升

难度系数：1

准备时间：20分钟
灭菌时间：20分钟

糖渍杏子

1.清洗杏子，用洁净的布擦干水分。

2.把每个杏子切成两半，去核（可以在每个罐子里留下1~2个杏核来为糖浆增味）。把杏子放进可以真空密封的罐子里。

3.制作糖浆时，先在平底锅中把糖加水溶解，然后加热大约2分钟，冷却以后倒进罐子里，然后密封。

罐装说明：请参考129页的罐装说明。

糖渍酸樱桃

1.清洗樱桃，用洁净的布擦干水分并去除樱桃梗。
2.制作糖浆时，先在平底锅中把糖加水溶解，然后加热大约2分钟。
3.把樱桃放进可以真空密封的玻璃储藏罐，加入糖浆然后密封。

装罐说明：请参考129页的装罐说明。

灌装4只300克罐子所需材料

酸樱桃1千克
糖400克
水1升

难度系数：1

准备时间：10分钟
灭菌时间：20分钟

灌装2只500克罐子所需材料

菠萝1个
糖350克
水1升
八角茴香2粒

难度系数：1

准备时间：20分钟
灭菌时间：20分钟

糖渍菠萝

1.清洗菠萝并去皮，去掉中间坚硬的部分。

2.把果肉切成1厘米厚的片，然后放进广口罐子里。

3.制作糖浆时，先在平底锅中把糖加水溶解，然后放进八角茴香加热大约2分钟。

4.冷却以后倒进罐子里，然后密封。

装罐说明：请参考129页的装罐说明。

香草甜杏果酱

1.清洗杏子，去核并切碎。

2.把杏肉和糖混合装进玻璃杯或者金属碗中，盖上盖子然后静置3小时。接着把它倒入锅中，慢炖30分钟，其间要经常搅拌。

3.加入已经去籽的香草豆荚，继续炖煮15分钟，经常搅拌。

4.把一点果酱倒进盘子里，来检查浓稠度。果酱不应该流淌得太快，而应该是黏而浓稠的。

5.如果可以，冷却后倒进罐子里，然后密封。

装罐说明：请参考129页的装罐说明。

灌装3只300克罐子所需材料

杏1千克
糖500克
香草豆荚1个

难度系数：1

准备时间：15分钟
静置时间：3小时
烹饪时间：45分钟

糖渍栗子

难度系数：2

准备时间：8~9天
灭菌时间：20分钟

灌装2只300克的罐子所需材料

栗子1千克
糖700克
葡萄糖浆200克
香草豆荚1个
水1升

1.在栗子表面切一道口子，然后放进架在锅上的滤网中，锅中有沸腾的热水。

2.蒸汽会让剥皮变得很容易，然后去掉栗子的壳。

3.把栗子放进用线缝起的粗棉布袋里，然后慢炖，直到可以用牙签把栗子插起来。

4.煮熟以后或者趁还热的时候，去掉表面那层皮。

5.同时，准备用水、糖和葡萄糖浆来制作糖浆。

6.把去籽的香草豆荚加入混合物中。

7.加热沸腾5分钟，然后把栗子放在可以架在锡纸烤盘或者碗等高沿容器的小架子上。

8.用滚烫的糖浆覆盖在上面，并放置在一个温暖的地方。第二天除去架子。

9.把糖浆加热3分钟，然后再次倒在栗子上。重复这个过程7~8天，需要的话可增加更多的糖浆。

10.将栗子放进清洁干燥的罐子中。煮沸糖浆装满罐子，然后密封。

装罐说明：请参考129页的装罐说明。

灌装3只300克的罐子所需材料

洗净并且去核的酸樱桃1千克
洗净并且去核的酸樱桃1.5千克
糖800克
水150毫升
1个柠檬的柠檬汁

难度系数：1

准备时间：15分钟
烹饪时间：45分钟

酸樱桃果酱

1.把糖和水在一个平底锅中混合，然后煮沸。

2.加入樱桃和柠檬汁，慢炖45分钟，时不时地搅拌。

3.如果需要的话把顶部的泡沫撇去。如果更喜欢口感细致的果酱，把混合物用食品料理机或者食物磨粉机处理一下。

4.把一点果酱倒进盘子里，来检查浓稠度。果酱不应该流淌得太快，而应该是黏而浓稠的。

5.如果可以，冷却后倒进罐子里，然后密封。

装罐说明：请参考129页的装罐说明。

无花果生姜果酱

1.把无花果剥皮，然后和糖、生姜混合在一起。小火慢炖45分钟，时不时地搅拌。

2.把一点果酱倒进盘子里，来检查浓稠度。果酱不应该流淌得太快，而应该是黏而浓稠的。

3.如果可以，冷却后倒进罐子里，然后密封。

装罐说明：请参考129页的装罐说明。

灌装2个250克罐子所需材料

无花果1千克
糖350克
生姜（削皮并切碎）1块

难度系数：1

准备时间：25分钟
烹饪时间：45分钟

草莓青柠果酱

难度系数：1

准备时间：15分钟
烹饪时间：45分钟

灌装3只300克的罐子所需材料

草莓1千克
糖800克
青柠1个

1.清洗草莓，用清洁的布擦干。

2.挤出青柠汁。草莓的水分擦干后，切成小块。

3.把草莓、糖、青柠皮和青柠汁都放进锅中，慢炖45分钟，时不
地搅拌。

4.把一点果酱倒进盘子里，来检查浓稠度。果酱不应该流淌得太快，
应该是黏而浓稠的。

5.如果可以，冷却后倒进罐子里，然后密封。

装罐说明：请参考129页的装罐说明。

浆果酱

难度系数：1

准备时间：15分钟
静置时间：3~12小时
烹饪时间：45分钟

灌装3只250克的罐子所需材料

醋栗250克
覆盆子250克
黑莓250克
蓝莓250克
糖800克

1.清洗这些浆果，给醋栗去皮，用布擦干水分。

2.把所有材料和糖混合在一起放进玻璃杯或金属碗里。

3.盖上盖子，放在凉爽的地方静置至少3小时（最好隔夜）。

4.把混合物倒进锅里，慢炖45分钟，时不时地搅拌。

5.把一点果酱倒进盘子里，来检查浓稠度。果酱不应该流淌得太快，而应该是黏而浓稠的。

6.如果可以，冷却后倒进罐子里，然后密封。

装罐说明：请参考129页的装罐说明。

苹果肉桂酱

难度系数：1

准备时间：20分钟
烹饪时间：45分钟

灌装3只200克的罐子所需材料

苹果1千克
糖500克
1个柠檬的柠檬汁
肉桂1段

1.把苹果削皮、去核并切碎，把苹果、柠檬汁、糖和肉桂段混合在一起
慢炖45分钟，时不时地搅拌。

2.把一点果酱倒进盘子里，来检查浓稠度。果酱不应该流淌得太快，而
应该是黏而浓稠的。

3.取出里面的肉桂丢弃（可选）。

4.如果可以，冷却后倒进罐子里，然后密封。

装罐说明：请参考129页的装罐说明。

灌装3只300克的罐子所需材料

蓝莓1千克
糖700克
柠檬1个

难度系数：1

准备时间：10分钟
静置时间：12小时
烹饪时间：45分钟

蓝莓果酱

1.清洗蓝莓并剥皮，用布擦干水分。

2.把蓝莓和糖混合在一起放进玻璃杯或金属碗里，放在凉爽的地方静置12小时。

3.把混合物倒进大小合适的锅里，加入柠檬汁和切碎的柠檬皮（只用黄色部分），接着慢炖45分钟，时不时地搅拌。

4.把一点果酱倒进盘子里，来检查浓稠度。果酱不应该流淌得太快，而应该是黏而浓稠的。

5.如果可以，冷却后倒进罐子里，然后密封。

装罐说明：请参考129页的装罐说明。

柑橘果冻

1.把柑橘剥皮、去核并切碎。
2.把柑橘、柠檬汁放进一个大锅里，然后装满热水。
3.加热煮沸，使其持续沸腾20分钟。
4.倒掉剩下的水，然后加入搅拌器中搅拌。
5.倒回锅中，加入糖，慢炖大约20分钟，要经常搅拌。
6.当混合物足够黏稠了倒入烤盘中，撒上糖，厚度大概为2.5厘米。
7.静置果冻到第二天，然后切成喜欢的形状。

成品装满直径25厘米的烤盘

柑橘1千克
糖800克
1个柠檬的柠檬汁
热水适量

难度系数：2

准备时间：30分钟
烹饪时间：40分钟
静置时间：1天

灌装3只150~200克的
罐子所需材料

黑莓1千克
糖700克
水100毫升
1个柠檬的柠檬汁

难度系数：2

准备时间：20分钟
静置时间：12小时
烹饪时间：30分钟

黑莓果冻

1.清洗黑莓，用布擦干水分。

2.擦干以后，把黑莓和糖混合在一起放进玻璃杯或金属碗里，然后盖上盖子在凉爽的环境静置12小时。然后把混合物倒进大号的锅里。

3.加入水，慢炖大约半个小时，要经常搅拌。

4.用纱布过滤混合物，加入柠檬汁。

5.把一点果冻汁倒进盘子里，来检查浓稠度。果酱不应该流淌得太快，而应该是黏而浓稠的。

6.如果可以，冷却后倒进罐子里，然后密封。

装罐说明：请参考129页的装罐说明。

黑加仑果冻

1.清洗黑加仑并且剥皮，放进大号的锅中。

2.加入水，小火慢炖大约10分钟，用勺子把果子捣碎。

3.用纱布过滤混合物，继续炖煮40分钟，持续搅拌并撇去顶部的泡沫。

4.把一点果冻汁倒进盘子里，来检查浓稠度。果酱不应该流淌得太快，而应该是黏而浓稠的。

5.如果可以，冷却后倒进罐子里，然后密封。

装罐说明：请参考129页的装罐说明。

灌装5只100克的罐子所需材料

黑加仑1千克
糖750克
水100毫升

难度系数：1

准备时间：10分钟
烹饪时间：45~50分钟

玫瑰果冻

难度系数：1

准备时间：20分钟
烹饪时间：1小时15分钟

灌装2只200克的罐子所需材料

赤褐色苹果1千克
水750毫升
糖750克
玫瑰8朵
1个柠檬的柠檬汁

1.清洗玫瑰花并用布擦干上面的水分。

2.摘下玫瑰花的花瓣，和糖一起放进碗里。

3.把苹果削皮、去核并切碎，放进一个大锅中，加入水小火慢炖。

4.经常搅拌，直到只剩下瘪掉的透明果肉，用纱布过滤。

5.加入糖、玫瑰花瓣和柠檬汁，再次慢炖大约半小时，持续搅拌。

6.把一点果冻汁倒进盘子里，来检查浓稠度。果酱不应该流淌得太快，而应该是黏而浓稠的。

7.如果可以，冷却后倒进罐子里，然后密封。

装罐说明：请参考129页的装罐说明。

难度系数：2

准备时间：30分钟
烹饪时间：45分钟

灌装2只250克的罐子所需材料

没涂蜡的橙子1千克
水600毫升
赤褐色苹果1个

橙子果酱

1.仔细清洗橙子，把一半的橙子剥皮，并把橙子皮切成细条。

2.把橙子皮放进小锅中加水，水开始沸腾时就关火换水。如此重复三次。

3.继续剥皮，用锋利的刀子分开橙子瓣并剔掉表面白色的筋，把橙子瓣放进冰箱。

4.把苹果削皮并切块，把苹果块、糖和剩下的橙子挤出的橙子汁一起倒进高沿的中号锅中加热。

5.当苹果变成透明絮状的时候，加入橙子瓣和橙子皮。不断搅拌，并撇去泡沫。

6.把一点果冻汁倒进盘子里，来检查浓稠度。果冻汁不应该流淌得太快，而应该是黏而浓稠的。

7.如果可以，冷却后倒进罐子里，然后密封。

装罐说明：请参考129页的装罐说明。

难度系数：2

准备时间：13天
灭菌时间：20分钟

灌装3只350克的罐子所需材料

厚皮橙子2千克
糖750克
葡萄糖浆150毫升
香草豆荚1个
水1升

糖渍橙子皮

1.清洗橙子并擦干水分，在每个橙子的皮上用刀子划成四份，然后剥下这些橙子皮。

2.把橙子皮放在流动的水里冲洗至少24小时。

3.用中火加热橙子皮煮沸，直到刀尖可以戳破（大约需要半小时）。沥干水分，一起堆放在一个容器中。

4.接下来制作糖浆，把水、糖和葡萄糖混合在一起，然后加入香草豆荚和香草籽，加热，使其沸腾5分钟，马上加入橙子皮。在橙子皮上方盖上一个小网格或者有洞的盖子，让橙子皮可以一直浸在糖浆里，保存在温暖处。第二天沥出容器里的糖浆，加热3分钟，然后再加入橙子皮。接下来的12天里，每天重复此步骤，如果糖浆不够的话可以加入更多糖浆。

5.把橙子皮装进洁净、干燥的罐子里。加热糖浆并装满罐子，然后密封。

装罐说明：请参考129页的装罐说明。